Jacynthe Lafond

Fixation irréversible des métaux des sédiments de dragage

Jacynthe Lafond

Fixation irréversible des métaux des sédiments de dragage

Caractérisation minéralogique de la fraction silto organique des sédiments de la rivière Richelieu, Sorel-Tracy, Québec

Presses Académiques Francophones

Impressum / Mentions légales

Bibliografische Information der Deutschen Nationalbibliothek: Die Deutsche Nationalbibliothek verzeichnet diese Publikation in der Deutschen Nationalbibliografie; detaillierte bibliografische Daten sind im Internet über http://dnb.d-nb.de abrufbar.
Alle in diesem Buch genannten Marken und Produktnamen unterliegen warenzeichen-, marken- oder patentrechtlichem Schutz bzw. sind Warenzeichen oder eingetragene Warenzeichen der jeweiligen Inhaber. Die Wiedergabe von Marken, Produktnamen, Gebrauchsnamen, Handelsnamen, Warenbezeichnungen u.s.w. in diesem Werk berechtigt auch ohne besondere Kennzeichnung nicht zu der Annahme, dass solche Namen im Sinne der Warenzeichen- und Markenschutzgesetzgebung als frei zu betrachten wären und daher von jedermann benutzt werden dürften.

Information bibliographique publiée par la Deutsche Nationalbibliothek: La Deutsche Nationalbibliothek inscrit cette publication à la Deutsche Nationalbibliografie; des données bibliographiques détaillées sont disponibles sur internet à l'adresse http://dnb.d-nb.de.
Toutes marques et noms de produits mentionnés dans ce livre demeurent sous la protection des marques, des marques déposées et des brevets, et sont des marques ou des marques déposées de leurs détenteurs respectifs. L'utilisation des marques, noms de produits, noms communs, noms commerciaux, descriptions de produits, etc, même sans qu'ils soient mentionnés de façon particulière dans ce livre ne signifie en aucune façon que ces noms peuvent être utilisés sans restriction à l'égard de la législation pour la protection des marques et des marques déposées et pourraient donc être utilisés par quiconque.

Coverbild / Photo de couverture: www.ingimage.com

Verlag / Editeur:
Presses Académiques Francophones
ist ein Imprint der / est une marque déposée de
AV Akademikerverlag GmbH & Co. KG
Heinrich-Böcking-Str. 6-8, 66121 Saarbrücken, Deutschland / Allemagne
Email: info@presses-academiques.com

Herstellung: siehe letzte Seite /
Impression: voir la dernière page
ISBN: 978-3-8381-7264-4

TABLE DES MATIÈRES

LISTE DES FIGURES

LISTE DES TABLEAUX

v

LISTE DES ABRÉVIATIONS, SIGLES ET ACRONYMES

CEC   Capacité d'échange cationique

LQE   Loi sur la qualité de l'environnement

MDDEP   Ministère du Développement durable, de l'Environnement et des Parcs

MENV   Ministère de l'Environnement du Québec

USEPA   United States Environmental Protection Agency

REEIE   Règlement sur l'évaluation et l'examen des impacts sur l'environnement

RESC   Règlement sur l'enfouissement des sols contaminés

RMD   Règlement sur les matières dangereuses

RQRP   Règlement sur la qualité de l'eau potable

PCZ   Point de charge zéro

PPRSTC   Politique de protection des sols et de réhabilitation des terrains contaminés

LISTE DES SYMBOLES

Å	Angström = 0,1 nm = 10^{-10} m
Al	Aluminium
As	Arsenic
Cd	Cadmium
Cu	Cuivre
Fe	Fer
Hg	Mercure
Me	Espèce métallique
Mn	Manganèse
MO	Matière organique
Ni	Nickel
Pb	Plomb
R	alkyle
Se	Sélénium
Zn	Zinc
B ou Bio	Biotite
Ch	Chlorite
$CaCO_3$	Calcite, carbonate de calcium
Fdsp K	Feldspath potassique
FeS_2	Pyrite
$\alpha\text{-}Fe_2O_3$	Hématite
Il	Illite
K	Kaolinite
M	Montmorillonite
$MgCO_3$	Dolomite, carbonate de magnésium
Pl	Feldspath plagioclase
Qtz	Quartz
Sm	Smectite
V	Vermiculite

INTRODUCTION

L'augmentation des imports-exports internationaux par voie navigable génère plusieurs travaux de dragage sur la voie maritime du fleuve Saint-Laurent depuis 1950 (Morin et Côté, 2003). Suivant cette tangente, des dragages d'entretien devront continuellement être prodigués afin d'assurer la sécurité nautique le long de la principale voie d'accès maritime canadienne. À la hauteur de la rivière Richelieu, la dynamique sédimentaire du fleuve Saint-Laurent est contrôlée par un delta silto-sablonneux s'ouvrant sur un grand lac fluvial, le lac Saint-Pierre. L'élargissement du réseau hydrographique entraîne une forte diminution du débit et occasionne une sédimentation accrue. Les hauts fonds fluviatiles s'accumulent en amont du lac Saint-Pierre, à l'endroit du port international de la ville de Sorel-Tracy. En 2005, un dragage d'entretien à généré près de 50 000 mètres cubes de déblai devant être asséché et confiné dans un site autorisé, soit sur des terrains à vocation industrielle. Les boues remaniées étaient caractérisées comme étant faiblement à modérément contaminées en métaux (Cr, Cu, Pb, Zn, Ni et Hg), en hydrocarbures aromatiques polycycliques et pétroliers (Dossier 3211-02-202, MENV, 2004). Au Québec, la gestion des déblais de dragage est légiférée principalement suivant des approches biologiques et chimiques. Depuis la publication de critères pour l'évaluation de la qualité des sédiments (MDDEP, 2007), les modes de prévention, de dragage et de restauration considèrent aussi la spécificité géochimique du fleuve Saint-Laurent. Toutefois, les propriétés minéralogiques de la fraction silto organique sédimentaire peuvent compléter les outils d'évaluation de la qualité d'un déblai de dragage.

Les sédiments représentent un puits d'accumulation dans lequel les teneurs en métaux peuvent atteindre des niveaux suffisamment élevés pour affecter les récepteurs

1

humains et environnementaux (Saulnier et Gagnon, 2006). Les facteurs externes à la matrice sédimentaire, tel le taux de sédimentation et d'érosion, participent à la concentration des contaminants inorganiques inertes et à la mobilisation des formes solubles. La composition géochimique du sédiment et le degré d'altération des minéraux de l'assemblage sédimentaire agissent sur la spéciation chimique des contaminants inorganiques en milieu aqueux. Constamment remise en suspension, la fraction silto organique micrométrique subit un transport colloïdal vers un média poreux à l'équilibre, où les procecuss naturels tendent à fixer les métaux de façon irréversible en formant des liaisons ioniques propres à la complexation organométallique. Les risques environnementaux attribuables à la contamination des sédiments par les métaux sont nombreux. Notons la dégradation de la qualité de l'eau par largage et remise en suspension, les effets néfastes de la bioaccumulation sur le métabolisme, sur la croissance et la reproduction des organismes récepteurs, sur la perte de comestibilité de la faune itchyenne, la diminution de la biodiversité et l'interdiction des usages récréatifs.

La section IV de la *Loi sur la qualité de l'environnement* (L.R.Q., c. Q-2) assujettie la gestion terrestre des boues de dragage à l'obtention d'un certificat d'autorisation par le biais d'une procédure d'évaluation et d'examen des impacts sur l'environnement. Le projet de loi 72 modifiant la *Loi sur la qualité de l'environnement et d'autres dispositions législatives relativement à la protection et à la réhabilitation des terrains*, adopté en mai 2002 et entré en vigueur en mars 2003, formule les modalités générales pour la gestion des sédiments excavés. Le projet de loi stipule qu'une fois excavés, les déblais de dragage ne peuvent être délestés en eau libre et doivent être gérés de façon terrestre. Les opérations de dragage ou de curage génèrent des déblais souvent concentrés en métaux dont le potentiel de valorisation diminue à mesure que les coûts économiques d'une gestion sécurisée augmentent. Dans le cas où l'innocuité environnementale est démontrée, la gestion terrestre des sédiments excavés contribue efficacement à la valorisation de sites. Quant à la gestion d'un sédiment contaminé, des restrictions d'utilisation favorisent les sites à vocation commerciale ou industrielle. En absence de sites appropriés, les déblais sont confinés dans un lieu d'enfouissement sanitaire ou technique dont le contrôle implique un suivi spécifique. Les sédiments dont le seuil de contamination dépassent la limite maximale sont, soit décontaminés dans un lieu de traitement autorisé, soit asséchés et confinés en milieu désigné.

Outre l'application des critères génériques prescrits dans la PPRSTC, l'évaluation par analyse et gestion des risques spécifiques au site permet d'envisager le dépôt sécurisé des matériaux excavés dans une variété de milieux récepteurs. La caractérisation environnementale d'un sédiment excavé s'appuie sur des documents législatifs dont les critères pour les métaux, considérés comme étant totalement disponibles, sont appliqués pour un substrat donné. En visant ainsi la protection des usages, les normes prescrites contribuent à diminuer le potentiel de valorisation. En ce sens, les instances gouvernementales recommandent le dépôt définitif de 50 000 mètres cubes de déblai de dragage provenant des travaux d'entretien dans l'embouchure de la rivière Richelieu dans un lieu d'enfouissement autorisé en vertu de la Loi. Les résultats de la caractérisation environnementale attestent que 35% du volume de sédiment possède des teneurs en métaux inférieures au critère A[1], que 58% du matériel se classe dans la plage A-B[2] et 7% dans la plage B-C[3] (Dossier 3211-02-202, MENV, 2004). Il en résulte que 65% du volume des boues de dragage, considérées comme étant modérément à faiblement contaminées en Cr, Cu, Pb, Ni et Zn, doit être sécurisé dans

---

[1]Le critère A représente la teneur de fond des sols (Giroux *et al.*, 1992).
[2]Le critère B représente la limite maximale acceptable pour des terrains à vocation résidentielle, récréative et institutionnelle (Beaulieu *et al.*, 1999).
[3]Le critère C indique la limite maximale acceptable pour les terrains à vocation commerciale ou industrielle (Beaulieu *et al.*, 1999).

un lieu autorisé. Le présent document de recherche soutient que les teneurs en métaux disponibles et potentiellement mobilisables des boues de dragage deviennent significatives seulement si ces teneurs sont évaluées suivant l'évolution géochimique et minéralogique du dépôt et en fonction des interactions organominéralogiques d'ordre hydrogéochimique.

La présente démarche, par le biais d'une méthode de validation, soit par la caractérisation minéralogique, cherche à démontrer que la réactivité de la fraction silto organique influe sur la stabilité des métaux et sur le potentiel séquestrant des phyllosilicates liés ou non avec la matière organique. Pour ce faire, les propriétés physicochimiques et minéralogiques de vingt échantillons de sédiments provenant de secteurs industrialisés de la voie maritime du fleuve Saint-Laurent seront étudiées suivant une démarche analytique divisée en phases distinctes et complémentaires. La caractérisation chimique de cinq échantillons de déblai provenant du dragage d'entretien de la rivière Richelieu permettra de comparer les contenus en métaux disponibles et les concentrations des espèces inorganiques mobilisables obtenues par lixiviations acides. Les lixiviations acides et la détermination du contenu en matière organique, appliquées sur l'ensemble des échantillons, permettront de vérifier la relation entre le potentiel de fixation et les propriétés physicochimiques de la fraction silto organique. La caractérisation minéralogique effectuée sur la fraction fine des échantillons permettra l'identification qualitative et semi quantitative par interprétation des diffractogrammes obtenus par diffraction des rayons X et établira le lien entre la composition minéralogique et le potentiel de fixation des métaux. Enfin, la stabilité et l'abondance relative des phyllosilicates, évaluées à l'aide de saturations cationiques portées sur un échantillon témoin, permettra de statuer du degré d'altération de l'échantillon et contribuera à fixer les conditions physicochimiques optimales pour la fixation irréversible des métaux par la fraction silto organique.

4

L'hypothèse de recherche stipule qu'un lien existe entre la rétention des métaux par la fraction silto organique et le degré d'altération des phyllosilicates en présence. Les caractérisations physicochimiques et minéralogiques sont comparées afin de statuer du lien entre la minéralogie et la stabilité des métaux. L'objectif principal de la recherche vise à démontrer que le degré d'altération des phyllosilicates dans un assemblage minéralogique confère au sédiment une capacité de rétention des métaux disponibles. Advenant la validation de l'hypothèse de recherche, la caractérisation minéralogique de la fraction silto organique pourrait devenir complémentaire dans l'évaluation des risques liés à la valorisation des déblais de dragage faiblement à modérément contaminés en métaux pour un site à vocation autre que commerciale ou industrielle.

CHAPITRE I

REVUE DE LA LITTÉRATURE

Les résultats obtenus par Banat *et al*. (2005) montrent que les métaux se concentrent préférentiellement dans la fraction fine. Conrad et Chisholm-Brause (2004) confirment que la distribution spatiale des métaux d'un lit sédimentaire est fonction de l'accroissement de la surface spécifique. Rybicka *et al*. (1995) démontrent que les métaux s'accumulent et se mobilisent suivant des degrés variables d'adsorption répondant à la nature des minéraux argileux en présence. Ces phénomènes s'appuient essentiellement sur les propriétés minéralogiques de la fraction silto organique. La modification des conditions d'oxydoréduction et de basicité réactive, associée aux phénomènes de météorisation ou d'altération géochimique peuvent occasionner la dissolution des métaux contenus dans un sédiment contaminé (Moncur *et al.*, 2005). Les processus de météorisation agissant sur la fraction argileuse en constante transition influencent directement la capacité de fixation (Thorez, 2003). La variabilité des phénomènes régissant l'évolution géochimique et minéralogique d'une matrice sédimentaire est brièvement présentée au chapitre I.

1.1 Minéralogie des phyllosilicates

Le terme phyllosilicate est employé pour désigner les silicates hydratés d'Al, de Fe et de Mn présentant une structure en feuillets. Dans le cadre du présent travail de recherche le terme phyllosilicate est utilisé en fonction de la définition structurale plutôt que texturale. La taille des phyllosilicates varient jusqu'à 63 μm considérant l'expansion des minéraux hydratés. Le substantif *physil*, utilisé pour la première fois par Weaver en 1989, est employé dans le texte pour désigner la fraction phyllosilicatée dans son ensemble. Le terme en question comprend les minéraux argileux réguliers, les édifices interstratifiés en transformation et les complexes phyllosilicatés liés avec la matière organique.

Les silicates représentent environ 95% des minéraux terrestres. De cet assemblage, 60% appartiennent aux feldspaths et 12% au quartz. La nomenclature des silicates est essentiellement basée sur des analyses structurales. Elle s'appuie sur l'empilement des éléments structuraux de base, tels les tétraèdres de SiO_4. L'appendice A relate de façon exhaustive les propriétés cristallines et la classification structurale. Les silicates se distinguent en sept classes, dont les phyllosilicates. Ceux-ci répondent au processus de formation décrit comme étant l'argilogénèse (fig. 1.1).

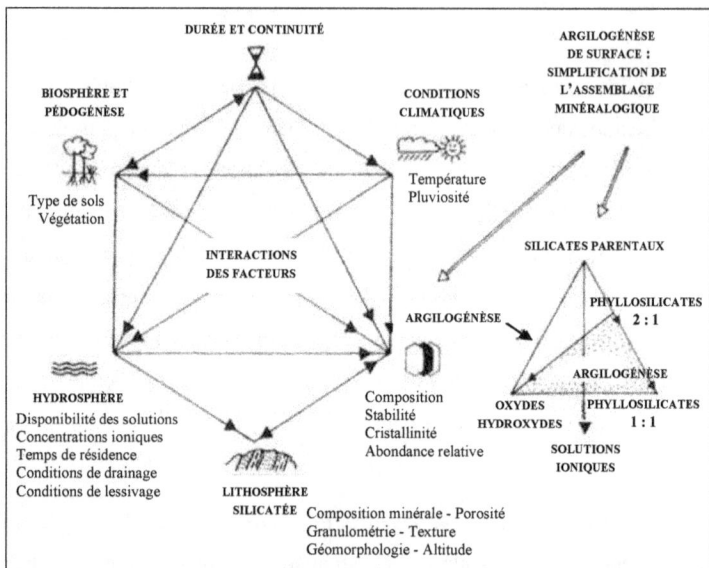

Figure 1.1 : Processus d'argilogénèse, adaptée de Thorez (1989).

En environnement secondaire, l'argilogénèse consiste en la transformation et la dégradation minéralogique répondant aux interactions internes et externes, telles les variations climatiques, les tendances géochimiques et la continuité des conditions physicochimiques (Thorez, 1989). En s'altérant, les minéraux silicatés parentaux engendrent des chlorites et des illites qui produiront des vermiculites, des chloritoïdes, des smectites et des interstratifiés divers pour aboutir à la néosynthèse de kaolinite. Ces transformations tendent vers une simplification des structures et des compositions minérales en évoluant par un éventail de phases intermédiaires matérialisées par des édifices interstratifiés irréguliers.

8

La matrice sédimentaire contient généralement deux groupes d'illite dont le plus commun est le groupe des micas noirs ou des ferromagnésiens (ex. : biotite [Si_3 Al O_{10} ‖ $(OH, F)_2$] K $(Mg, Fe)_3$). La biotite s'altère partiellement en chlorite ou en vermiculite et est souvent associée avec les oxydes de Fe. Le deuxième groupe d'illite est représenté par les micas blancs ou alumineux ([Si_3 Al O_{10} ‖ $(OH, F)_2$] K Al_2). La muscovite est stable en condition de surface et est par conséquent retrouvée intacte dans les sédiments détritiques. Les chlorites sont des phyllosilicates hydratés appauvris en ions alcalins et sont divisées en quatre groupes : (*1*) les chlorites magnésiennes ([Si_4 Al_x O_{10} ‖ $(OH)_2$] $(Mg, Al)_3$ ---- Mg_3 $(OH)_6$), (*2*) les chlorites ferromagnésiennes ([Si_4 Al_x O_{10} ‖ $(OH)_2$] $(Mg, Al, Fe)_3$ ---- Mg_3 $(OH)_6$), (*3*) les ferrochlorites ([Si_4 Al_x O_{10} ‖ $(OH)_2$] $(Al, Fe)_3$ ---- Fe_3 $(OH)_6$) et (*4*) les leptochlorites. Les chlorites résultent de l'altération des minéraux ferromagnésiens secondaires dégradés ou transformés, telle la biotite. Les minéraux de la famille de la kaolinite se forment en milieu acide appauvri en cations et sont fréquemment retrouvés dans les sols intensément lessivés, tels les latérites et les podzols. Ces phyllosilicates consistent en des produits d'altération des roches acides riches en feldspaths. La kaolinite s'accumule dans les dépôts alluvionnaires en empilement désordonné et considérant sa forte résistance aux agents chimiques, stabilise les processus de l'argilogénèse.

Les phyllosilicates constituent des minéraux en constante transformation évoluant vers un état d'équilibre géochimique, thermodynamique et cristallographique. Le réarrangement des phyllosilicates vers un équilibre compositionnel mieux adapté répond à des processus d'héritage, de dégradation, d'aggradation et de néoformation et engendre une forte hétérogénéité (Thorez, 1989). Les édifices interstratifiés résultants du déséquilibre intervenant au cours de l'argilogénèse peuvent former près de 70% de la composition d'un assemblage phyllosilicaté. Les interstratifiés sont caractérisés par la superposition régulière et/ou irrégulière de deux types de feuillets. Les superpositions périodiques sont dites régulières, comme dans l'exemple de l'illite-chlorite (Il-Ch) ou de l'illite-smectite (Il-Sm). La vermiculite est un phyllosilicate intermédiaire d'altération des minéraux secondaires. Ce phyllosilicate, formé de superpositions irrégulières, est souvent classé avec les smectites et présente une composition chimique tendant vers la chloritisation. Citons l'hydrobiotite, constituée d'un empilement de vermiculite et de biotite régulière.

Les tendances géochimiques des illites, des ferromagnésiens et des chlorites au cours de l'argilogénèse sont schématisées à la figure 1.2 (Thorez, 2003). Cette représentation résume les différents itinéraires que peuvent emprunter les phyllosilicates dans l'atteinte d'un état d'équilibre. L'évolution minéralogique d'un assemblage peut être anticipée en connaissance des conditions géochimiques. La figure 1.2 illustre une tendance commune pour les cycles d'altération vers la néosynthèse de la kaolinite. Par exemple, les chlorites qui subissent une vermiculisation auront tendance à aller vers une chloritisation secondaire lorsque des complexes d'Hydroxyl-Al (Al_{17}) sont présents dans le mélange. L'insertion par aggradation d'Al_{17} dans les espaces interfoliaires des chlorites vermiculitisées, reproduit la structure des chlorites, mais dépourvues de Fe et Mg. La mise en solution de ce nouveau phyllosilicate conduit directement à la néosynthèse de la kaolinite. Le rapport entre les phyllosilicates dégradés et/ou transformés (smectite, illite, chlorite) et la kaolinite est un marqueur d'altération météoritique, pédologique et hydrothermale. La diversité des séquences de dégradation, complètes ou interrompues, influe sur la réactivité minéralogique en fonction du degré et de l'intensité de l'altération géochimique.

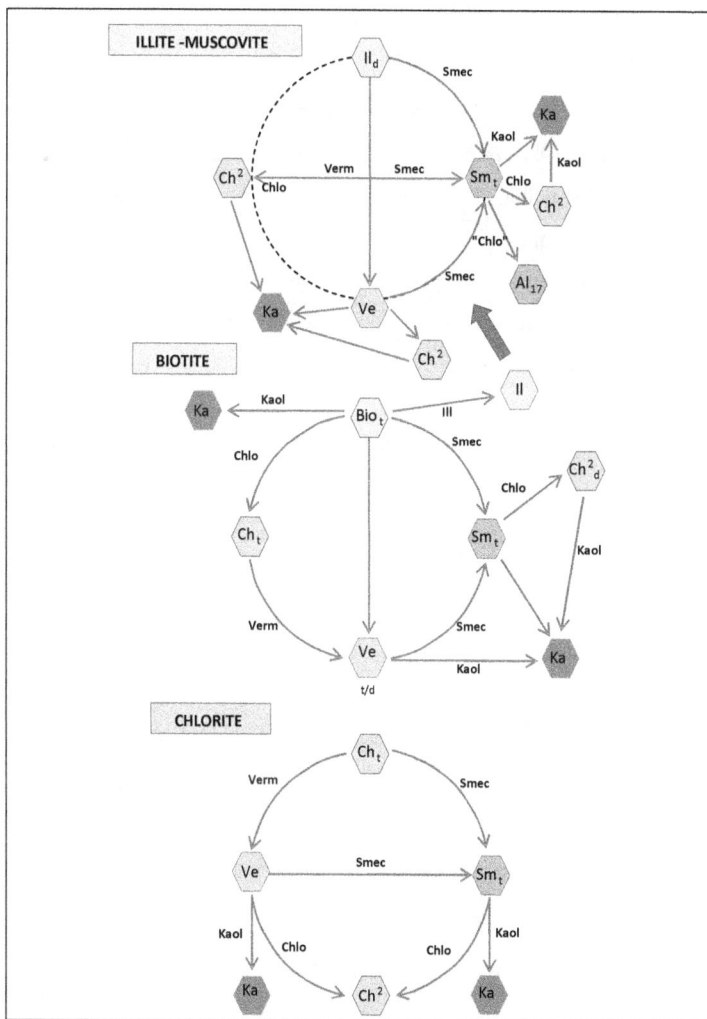

Figure 1.2 : Tendances géochimiques au cours de l'argilogénèse, adaptée de Thorez (2003).

1.2 Réactivité des phyllosilicates

La grande réactivité des phyllosilicates est fonction des caractéristiques de charges (Eslinger et Pevear, 1988) et génère une capacité d'échange ionique et d'expansion par les forces d'hydratation. La rétention ionique par les phyllosilicates est induite par des forces électrostatiques et par adsorption spécifique. La rétention par les forces électrostatiques s'effectue principalement sur les charges issues directement des substitutions isomorphiques. Ces charges de structure ne sont pas spécifiques à un site. L'adsorption spécifique s'effectue, quant à elle, sur les sites à charges variables à la surface du minéral. L'effet du pH sur la charge ne s'applique que sur les sites à charges variables (Echeverría *et al.*, 2005). Les paragraphes subséquents retracent les propriétés chimiques fondamentales de surface et de structure des phyllosilicates.

1.2.1 Charge de surface

La charge nette causée par les réactions de surface peut être négative ou positive en fonction du pH mais aussi de la structure du phyllosilicate et de la concentration ionique de la solution (Eslinger et Pevear, 1988). L'adsorption spécifique à la surface d'un minéral est induite par le déséquilibre de charge pouvant résulter de la rétention ionique sur les charges de structure. Le balancement de la charge de surface s'effectue par attraction électrostatique d'ions échangeables sur les sites spécifiques à charges variables. Les charges variables des phyllosilicates se développent en bordure des feuillets (minéraux 2 : 1) ou au sein de la couche tétraédrique (minéral 1 : 1). Cette réactivité s'explique par des réactions d'hydrolyse pouvant se définir comme la formation de groupements hydroxyles possédant à la fois les propriétés des acides et des bases ou composés amphotères. Les interactions entre les ions O^{2-} et H^+

intervenant lors de l'hydrolyse des liaisons (Si-O) et (Al-OH) modifient la charge nette par augmentation des charges variables et sont fortement responsables des processus d'altération. En solution acide, les réactions d'échange anionique sont favorisées tandis qu'en conditions basiques, les phyllosilicates acquièrent une capacité d'échange cationique. La kaolinite possède surtout des sites à charges variables considérant la forte exposition de la couche tétraédrique. La charge de surface contribue à l'empilement des feuillets par attraction électrostatique (Giese, 1973) et participe presqu'entièrement à la charge nette totale. Les minéraux 2 : 1 offrent peu de sites à charge variable, la couche tétraédrique étant comprise entre les couches octaédriques, mais possèdent conséquemment une charge permanente importante. Pour les smectites, la charge de surface compte pour moins de 1% de la charge totale. La charge de surface, contrairement à la charge de structure, n'engendre pas d'espacement entre les feuillets silicatés.

1.2.2 Charge de structure

La rétention par les forces électrostatiques s'effectue principalement sur les charges issues de substitutions isomorphiques qui produisent une charge permanente diffuse dans la structure du minéral. La charge de structure est souvent attribuable aux imperfections structurales. Pour la majorité des phyllosilicates, la substitution d'un ion par un autre de charge inférieure résulte en une charge permanente négative. La charge de structure presque nulle de la kaolinite est expliquée par le fait que les substitutions isomorphes y sont rares, seulement un faible nombre de Fe^{2+} peut complètement s'intégrer dans la structure de la kaolinite par substitution de Al^{3+} (Mendelovici *et al.*, 1979a ; 1979b ; 1982). Les substitutions incomplètes sont responsables de la capacité d'échange cationique (CEC) des phyllosilicates développant peu de charges variables. La smectite par exemple, est caractérisée par des substitutions tétraédriques incomplètes de Si^{4+} par Al^{3+} et des substitutions octaédriques incomplètes de Al^{3+} par Mg^{2+} et Fe^{2+}, ce qui lui confère une CEC variant entre 60 et 120 $cmol^{(+)} kg^{-1}$ (Alloway, 1995). Les vermiculites, par rapport aux smectites, possèdent une densité de charge plus élevée due aux substitutions tétraédriques de Si, Mg et Al. Le nombre de charges négatives par unité de surface résultant des substitutions isomorphiques varie entre 0,5 et 1,3 pour la smectite et entre 1,1 et 2,0 pour la vermiculite (Yariv et Cross, 2002). L'expansion et le gonflement moindres de la vermiculite comparativement à la smectite sont reliés à de plus fortes densités de charges de structure négatives et de charges interfoliaires positives (Yariv, 1992).

1.2.3 Point de charge zéro

Le pH d'une solution auquel la charge nette correspondante est nulle est nommé point de charge zéro (PCZ). À partir du PCZ, l'abaissement du pH favorise les liaisons H^+ créant ainsi une charge de surface positive sur les groupements hydroxyles des phyllosilicates. À l'inverse, une charge négative est engendrée lors de l'augmentation du pH à partir du PCZ (fig. 1.3). Le pH au PCZ est généralement faible pour les phyllosilicates, un surplus d'ions H^+ est nécessaire pour neutraliser la charge permanente négative. Ceci découle du fait que la charge totale nette est fonction de la somme des charges des différents types de surfaces. Un PCZ approximatif peut être estimé si le nombre de groupements (Si-OH) et (Al-OH) superficiels est connu (Parks, 1967). Le PCZ pour les groupements (Al-OH) varie entre 6,8 et 9,2. Tandis que le PCZ des groupements (Si-O) est de 1,8 (Eslinger et Pevear, 1988).

14

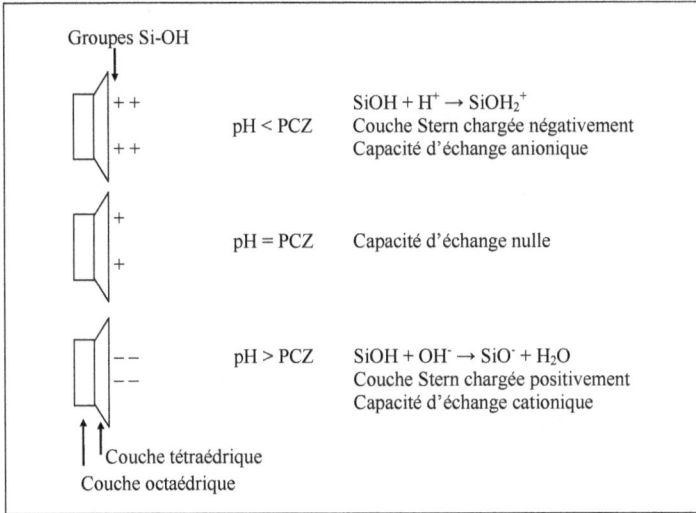

Groupes Si-OH

+ +   pH < PCZ $SiOH + H^+ \rightarrow SiOH_2^+$
+ +   Couche Stern chargée négativement
                              Capacité d'échange anionique

+   pH = PCZ   Capacité d'échange nulle
+

– –   pH > PCZ $SiOH + OH^- \rightarrow SiO^- + H_2O$
– –   Couche Stern chargée positivement
                              Capacité d'échange cationique

Couche tétraédrique
Couche octaédrique

Figure 1.3: Processus d'acquisition de charge de surface, adaptée d'Eslinger et Pevear (1988).

En attestant qu'une charge est définie pour chaque surface, sauf si le pH est au PCZ, un phyllosilicate aura tendance à en attirer un autre s'il est de charge opposée. Ce phénomène prend de l'importance dans le transport des phyllosilicates à travers un média sédimentaire. Le PCZ influe sur la présence d'eau interfoliaire des phyllosilicates dans une solution colloïdale dont le pH diffère (Hiemstra et Van Riemsdijk, 1996). Le tableau 1.1 liste les PCZ pour certains minéraux (Eslinger et Pevear, 1988).

Tableau 1.1 : Valeurs de PCZ de certains minéraux

Minéral	PCZ
Al_2O_3	9,1
$Al(OH)_3$	5,0-9,0
CuO	9,5
Fe_3O_4	6,5
$FeOOH$	6,0-7,0
Fe_2O_3	5,0-9,0
MgO	8,5
TiO_2	7,2
Kaolinite	2,0-2,4
Montmorillonite	< 2,5

1.2.4 Concentration ionique

La concentration ionique est fonction des interactions entre les surfaces des phyllosilicates, les cations interchangeables, l'eau de structure et la solution environnante. Ces paramètres sont considérés dans la théorie de la double couche diffuse répondant aux modèles de Gouy-Chapman et de Stern (fig. 1.4). Le modèle de Gouy-Chapman découle d'une attraction naturelle pour les cations libres en solution à se fixer à la surface des phyllosilicates chargés négativement. Proportionnellement au gradient de concentration des cations, il se produit une diffusion des cations à partir de la surface des phyllosilicates vers la solution. L'équilibre est atteint (PCZ) lorsque la concentration des cations attirés équivaut la concentration des cations diffus. Cette zone d'équilibre, appelée couche de Gouy, entourant le phyllosilicate possède une épaisseur diffuse, mais définie, dans laquelle la concentration des cations diminue en fonction de la distance par rapport à la surface du phyllosilicate. Conséquemment, une déficience dans la concentration anionique y est favorisée. L'épaisseur de la couche de Gouy dépend de la charge de surface du phyllosilicate et de la force ionique de la solution. Dans une solution à force ionique élevée, les cations en présence auront moins tendance à la diffusion (Eslinger et Pevear, 1988). Subséquemment, il y a compression de la double couche, entraînant la diminution de la distance entre les phyllosilicates, la diminution des phénomènes de répulsion, la formation d'agglomération et/ou de floculation des phyllosilicates par les forces électrostatiques.

Le modèle de Stern, dont le modèle Gouy-Chapman est une variante, tient compte du rayon ionique en le rendant responsable de la spéciation. Selon le modèle de Stern, les cations adsorbés sélectivement à la surface du phyllosilicate ne sont pas mobiles ou diffusibles. Un cation lié à la surface d'un phyllosilicate, dont la charge de surface est suffisante, est considéré comme étant fixé. En outre, la charge résultante négative du phyllosilicate est équilibrée par la somme des charges positives de la double couche diffuse.

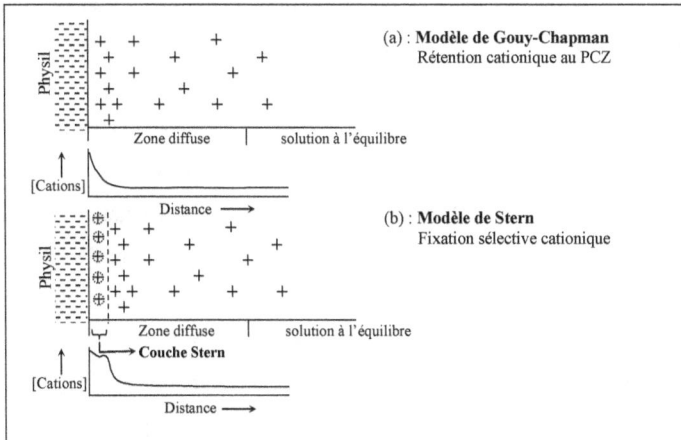

Figure 1.4 : Distribution cationique à la surface des phyllosilicates; a) modèle de Gouy-Chapman et b) modèle de Stern, adaptée d'Eslinger et Pevear (1988).

1.2.5 Forces d'hydratation

La spécificité d'adsorption cationique dans la double couche diffuse augmente avec les forces d'hydratation générées par polarité moléculaire. Un cation hydraté possède un rayon ionique augmenté dont le diamètre est proportionnel à la densité de charge de surface. Sous forme hydratée, le rayon ionique d'un cation est proportionnel à la valeur de sa charge, tandis que sous forme non hydratée, le rayon ionique est inversement proportionnel à la charge. Comme la concentration ionique en solution, le rayon ionique influe sur la distance entre les phyllosilicates. La déshydratation des cations interfoliaires diminue le rayon ionique et permet la floculation des phyllosilicates. L'hydratation, par expansion, est assurée par une phase initiale cristalline suivie par une seconde phase osmotique. La phase cristalline, contrôlée par l'énergie de surface d'hydratation et l'orientation des cations permet l'adsorption des premières monocouches d'eau sur la surface du phyllosilicate. La phase osmotique est applicable à la différence entre les concentrations ioniques de l'eau interfoliaire et de la solution externe et conséquemment à la différence de potentiel énergétique de l'eau dans ces mêmes solutions (Yariv et Cross, 2002). La phase osmotique engendre le gonflement par expansion des espaces interfoliaires. La smectite en milieu aqueux possède une capacité de gonflement par hydratation des espaces interfoliaires. Lorsque l'espace interfoliaire atteint 10Å, les forces d'hydratation deviennent moindres que la force électrostatique de répulsion. Il s'ensuit une neutralisation partielle de la charge causée par la dissociation des couches phyllosilicatées. La neutralisation complète de la charge de la vermiculite par hydratation est impossible considérant son énergie électrostatique considérable (Eslinger et Pevear, 1988).

1.2.6 Capacité d'échange cationique

Les différentes propriétés des phyllosilicates, telles la CEC, la surface spécifique et la densité de charges influencent la capacité d'adsorption (Vega *et al.*, 2004). La CEC se définit comme la quantité de charge cationique (Mg^{2+}, Ca^{2+}, K^+, Na^+, Al^{3+}, $Al(OH)^{2+}$, H^+, Mn^{2+}, Fe^{2+}) que peut fixer et échanger une quantité de particules solides. McBride (1994) stipule que la charge, le rayon ionique et le caractère acido-basique influent sur la réactivité de surface ainsi que sur la CEC. La CEC permet d'estimer la concentration des ions non fixés dans la couche diffuse, donc mobilisables, autant sur les surfaces externes et internes d'un phyllosilicate. L'omniprésence d'impuretés structurales et les forces d'hydratation agissant sur le pouvoir floculant, font que les valeurs de CEC obtenues analytiquement ne sont souvent valables qu'à pH neutre (Brady et Weil, 2001). Le tableau 1.2 regroupe les valeurs moyennes de CEC pour les phyllosilicates réguliers.

Tableau 1.2 : Valeurs moyennes de CEC des phyllosilicates réguliers

Phyllosilicates	CEC ($cmol^{(+)} kg^{-1}$)	Références
Kaolinite	3,6 - 18,0	Van Den Broek et Van Der Marel (1969)
	13,5	Unuabonah *et al.* (2007)
	11,3	Ammann *et al.* (2003)
	3,0 - 5,0	Bergaya *et al.* (2006)
Illite	15,0	Hower et Mowatt (1966)
	10,0 - 40,0	Bruggenwert et Kamphorst (1979)
	10,0 - 40,0	Bergaya *et al.* (2006)
Smectite	60,0 - 130,0	Weaver (1989)
	80,0 - 150,0	Bruggenwert et Kamphorst (1979)
Vermiculite	120,0 - 200,0	Bruggenwert et Kamphorst (1979)
	100,0 - 150,0	Bergaya *et al.* (2006)
Montmorillonite	153,0	Ammann *et al.* (2003)
	80,0 - 150,0	Bergaya *et al.* (2006)
Chlorite	10,0 - 40,0	Bergaya *et al.* (2006)

Une partie de la CEC de la kaolinite est attribuable aux liens brisés en périphérie des couches silicatées (Weaver, 1989). La coprécipitation des oxydes de Fe avec la kaolinite favorise la fixation de cations métalliques en condition acide. Le Roux et Sumner (1967) démontrent qu'a pH > 7, la CEC d'un complexe kaolinite/oxydes de Fe augmente tandis qu'à pH < 7 la CEC diminue. La CEC agit fortement dans la rétention ionique des métaux par les sols kaolinitisés lorsqu'ils sont en faible concentration (Vega *et al.*, 2004 ; Saha *et al.*, 2001 ; Sparks, 1995). Le comportement des phyllosilicates face aux modifications des conditions de pH est étudié par Coles et Yong (2000) à l'aide de saturations en milieu contrôlé. Il en ressort que la kaolinite, de par sa stabilité structurale, sa faible CEC et son faible coefficient d'hydratation, est avantagée par les procédés d'adsorption comparativement à la smectite et ce indépendamment du pH de la solution. La capacité d'adsorption des oxydes de Fe par les smectites est fonction du pH (Schultz et Grundl, 2004). En admettant que la surface spécifique augmente avec la diminution de la taille granulométrique, Sayles et Mangelsdorf (1977) considèrent que la texture tient un rôle important dans la détermination de la CEC. Ces auteurs présentent des valeurs de CEC de l'ordre de 40 cmol$^{(+)}$ kg^{-1} pour la fraction inférieure à 2 µm de l'illite et de 8 cmol$^{(+)}$ kg^{-1} pour la fraction supérieure à 74 µm. Kennedy (1965) avance des valeurs de CEC de 14 et de 28 cmol$^{(+)}$ kg^{-1} pour la fraction < 2 µm de la vermiculite et de la montmorillonite respectivement. L'efficacité de ces deux phyllosilicates pour le captage de métaux d'effluents contaminés a fait l'objet d'une étude comparative (Abollino *et al.*, 2008). La vermiculite montre une capacité d'adsorption supérieure à la montmorillonite et dans les deux cas, la capacité d'adsorption diminue suite à la diminution du pH et avec la formation de complexes insolubles. L'ordre d'affinité des métaux pour les deux phyllosilicates est similaire, soit $Pb^{2+} = Cd^{2+} < Cu^{2+} < Zn^{2+} < Mn^{2+} < Ni^{2+}$ pour la montmorillonite et $Pb^{2+} < Cu^{2+} < Cd^{2+} < Zn^{2+} < Ni^{2+} < Mn^{2+}$ pour vermiculite.

L'adsorption de composés organiques s'effectue lorsque les molécules organiques liquides ou gazeuses s'accumulent sur la phase solide des phyllosilicates en faisant intervenir à la fois la CEC et l'adsorption de molécules polaires ou non polaires. La matière organique (MO) est composée d'éléments principaux (C, H, O, N) et d'éléments secondaires (S, P, K, Ca, Mg) et se retrouve dans les sédiments sous formes de composés organiques stabilisés. Les phyllosilicates expansibles sont d'excellents agents adsorbants pour les molécules organiques polaires, la surface spécifique influençant grandement la distribution et la composition (Lagaly, 1984). L'adsorption de composés organiques augmente la force ionique des phyllosilicates et la capacité fixatrice des métaux dans leur structure. L'influence des liens organiques sur la mobilisation d'un précipité Cr-hydroxyle est étudiée par Dubbin (2004). Une fois hydrolysé, Cr subit une dissolution oxydante et se mobilise de la montmorillonite mais lorsqu'ajouté d'oxalate, de tartrate ou de citrate, Cr-hydroxyle demeure adsorbé au phyllosilicate, les liens organiques agissant en tant que chélates. Les études réalisées sur les phénomènes d'adsorption-désorption indiquent que la kaolinite et la montmorillonite présentent une grande affinité avec les acides aminés (Mortland, 1970). Les acides aminés des sédiments, engendrés par les phénomènes de dégradation, sont soumis à une minéralisation rapide catalysée par l'activité de bactéries enzymatiques (Meyers et Quinn, 1971 ; 1973).

Les cations métalliques échangeables ainsi que le degré d'hydratation jouent un rôle important dans les phénomènes d'adsorption. En fonction de la basicité du composé organique et du pouvoir de polarisation du métal, les bases fortes deviennent positivement chargées durant l'adsorption (Feldkamp et White, 1979). Par exemple, les composés d'ammoniac et d'amines aliphatiques, particulièrement solubles dans l'eau, deviennent chargés positivement lorsqu'adsorbés dans les espaces interfoliaires suivant la réaction [1]:

$$[C_2H_5NH_2 + H_2O\cdots M^{m+}] - \text{smectite} \rightarrow [C_2H_5NH_3^+ + [H-O-M]^{(m-1)+}] - \text{smectite} \quad [1]$$

Avec la diminution de la basicité du composé organique adsorbé et/ou de la diminution du pouvoir de polarisation du cation métallique, les associations base organique – eau – cation métallique sont assurées par les liens hydrogènes, où la molécule d'eau agit comme donneur de proton à la molécule organique et de paire d'électrons au cation. Les associations sont démontrées à la réaction [2]:

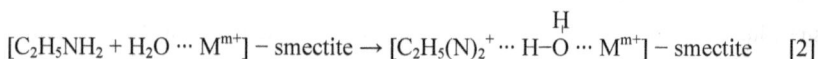

$$[C_2H_5NH_2 + H_2O \cdots M^{m+}] - \text{smectite} \rightarrow [C_2H_5(N)_2^+ \cdots \overset{H}{H-O} \cdots M^{m+}] - \text{smectite} \quad [2]$$

Dans les deux réactions d'adsorption précédentes, la molécule d'eau agit comme site électrophile (accepteur d'électron) et les atomes d'hydrogène de la molécule adsorbée agissent en tant que sites nucléophiles (donneur d'électron) (Yariv et Cross, 2002).

1.3 Disponibilité des métaux

La littérature portant sur la spéciation des métaux dans divers assemblages minéralogiques traite, entre autres, de la réhabilitation des terrains contaminés, de la valorisation des sites miniers abandonnés, la neutralisation des eaux usées industrielles et de la gestion sécurisée des boues de dragage (Environnement Canada et MDDEP, 2007 ; Hochella *et al.*, 2005 ; Moncur *et al.*, 2005). Il en ressort que les interactions des processus d'altération physique et géochimique favorisent momentanément l'adsorption ou la mobilisation des métaux.

1.3.1 Processus d'altération physique

En milieu hydrique, les propriétés physicochimiques dictent le transport et l'accumulation des contaminants, les concentrant à proximité des rivages et subséquemment dans les fosses sédimentaires (Sen et Khilar, 2006). Les processus mécaniques sont essentiellement fonction du taux de sédimentation/érosion, de la vélocité du courant, de la granulométrie, des volumes de rejets liquides, atmosphériques ou solides ainsi que de leur persistance en milieu hydrique. Les métaux retrouvés dans les lits sédimentaires, peuvent résulter du lessivage des sols, de l'apport atmosphérique, de l'érosion des berges, de la décomposition bactérienne anaérobique ou de la transformation/dégradation minéralogique (D'Angelian et Smith, 1973). Les processus physiques agissant sur les formes métalliques particulaires, solubles ou adsorbées consistent en des phénomènes d'enfouissement, de mélange, de dilution et de transfert à travers un média poreux. Parmi les processus physiques pouvant avoir un effet sur la concentration des métaux, on dénombre les fluctuations du taux de sédimentation, les phases successives d'érosion, les caractéristiques intrinsèques de diffusion du substrat, le degré de dilution, les facteurs de dispersion, les actions catalytiques de bioturbation, les mouvements d'advection, les phénomènes de diffusion, de volatilisation et les changements de température et de pression. Les processus physiques peuvent être continus, saisonniers et épisodiques. Ces procédés, agissant en fonction de leur efficacité relative, diminuent la concentration et participent à la dilution naturelle des métaux dans l'environnement (Stamoulis et al., 1996). La sédimentation en milieu calme, où l'effet de confinement est continu, réduit le transfert des métaux vers les eaux de surface et entraîne une diminution de la toxicité et de la bioaccumulation (Salomons et Forstner, 1984). Les procédés impliquant un volume considérable de particules, tels les phénomènes d'érosion, de dispersion et de bioturbation, opèrent à des taux plus rapides et plus élevés que les procédés de diffusion ou de volatilisation. Les particules lourdes formées par des complexes organométalliques sont particulièrement influencés par les processus physiques. Suite à la mise en suspension des formes métalliques ou avec l'atteinte d'une teneur en eau excédant 10 à 20%, la spéciation chimique est favorisée (Sen et Khilar, 2006).

1.3.2 Formes de spéciation chimique

Les contaminants inorganiques se comportent dans l'environnement principalement selon les processus d'adsorption spécifique (Banat *et al.*, 2005). La spéciation chimique s'effectue sous différentes formes pouvant être classées en trois groupes: (1) la forme extractible ou échangeable incluant les phases solubles, échangeables et liées aux oxydes de Fe et Mn ; (2) la forme potentiellement extractible ou potentiellement échangeable incluant les phases fortement liées aux minéraux, faiblement liées avec la matière organique (MO), fortement chélatées par MO, liées ou occlues par les carbonates et par les sulfures ; (3) la forme non extractible ou non échangeable représentée par les phases détritiques ou résiduelles (Giasson *et al.*, 2005 ; Dinel *et al.*, 2000). La figure 1.5 présente des exemples pour chacune des formes de spéciation chimique (Forstner et Wittman, 1983).

Le transport des métaux à travers un média poreux, tels les aquifères et le socle rocheux fracturé, s'effectue par adsorption colloïdale (Sen et Khilar, 2006). La dispersion colloïdale et la migration solide des métaux deviennent alors un facteur de dilution important. La spéciation des métaux dans l'eau évolue vers la précipitation organométallique. Lorsque la taille des particules atteint 0,1μm, la spéciation sous forme de revêtement peut agir. Le revêtement métallique consiste en la formation d'un film adhérent sur la forme résiduelle. Cette forme de spéciation confère à la particule détritique les propriétés intrinsèques des hydroxydes (Boonfueng *et al.*, 2005). Conséquemment, la surface spécifique du système augmente en fonction de la diminution de la taille des pores. La spéciation sous forme de revêtement métallique complet sur les physils augmente considérablement la capacité de séquestration des métaux. La spéciation des métaux dans l'eau évolue jusqu'à l'ingestion par les organismes vivants et leur accumulation dans la chaîne trophique et l'environnement.

Formes de spéciation		Exemples	Diamètre (μm)
Ions solubles	$\rightarrow$	$Fe(H_2O)_6^{3+}$, $Cu(H_2O_6)^{2+}$	
Complexes ioniques	$\rightarrow$	AsO_4^{3-}, UO_2^{2+}, VO^{3-}	
Complexes et ions pairs inorganiques	$\rightarrow$ $\rightarrow$	$CuOH^+$, $CuCO_3$, $Pb(CO_3)_2^{2+}$ $AgSH^0$, $CdCl^+$, $Zn(OH)^-$	
Complexes organiques chelatés	$\rightarrow$	$Me - OOCR^{n+}$, HgR_2	0,001
Liaisons avec des composés organiques au poids moléculaire élevé	$\rightarrow$	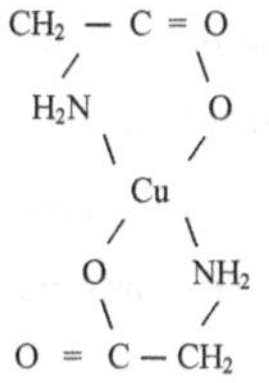 $$CH_2 - C = O$$ $$/ \quad \backslash$$ $$H_2N \quad O$$ $$\backslash \quad /$$ $$Cu$$ $$/ \quad \backslash$$ $$O \quad NH_2$$	
Très grande dispersion colloïdale		$$\backslash \quad /$$ $$O = C - CH_2$$	0,001
Adsorption sur les colloïdes	$\rightarrow$	Polymères, acides humique/fulvique	
Précipités, particules métalliques et organiques	$\rightarrow$	FeOOH$_2$, oxy/hydroxyde de Mn Me_{aq}^{n+}, $Me_n(OH)_y$, $MeCO_3$ sur physil, FeOOH, $ZnSiO_3$ organique, $CuCO_3$, CdS inclus dans FeS, PbS	
Bioaccumulés par les récepteurs vivants et dans l'environnement	$\rightarrow$	Me bioaccumulé par les algues	0,1

Figure 1.5 : Formes de spéciation des métaux en milieu saturé, tirée de Forstner et Wittman (1983).

1.3.3 Spéciation et propriétés physicochimiques

Les travaux de Coles et Yong (2000) montre que la spéciation est fonction des propriétés physicochimiques des ions métalliques et de la solution. Modack *et al.* (1992) étudient la spéciation des métaux extractibles sur les différentes phases géochimiques de cinq échantillons de sédiments. Il en ressort que 5 à 22% du Pb, 5 à 14% du Cr, 3 à 16% du Cd et du Zn ainsi que 1 à 14% du Cu sont associés avec la phase échangeable. La phase carbonatée retient 73 à 87% du Zn, 38 à 41% du Cd, 13 à 27% du Ni et 3 à 10% du Pb. Tandis que 79 à 83% du Mn, 30 à 40% du Cr et du Fe, 22 à 25% du Cu et 10 à 15% du Pb sont liés avec les oxydes de Fe et Mn. La fraction échangeable est fonction du nombre de sites d'adsorption spécifique disponibles et est fortement contrôlée par la CEC (Kabata-Pendias, 2001). Roehl et Czurda (1998) mentionnent que les sites spécifiques possèdent une capacité d'adsorption limitée comparativement aux sites d'adsorption non spécifiques. Les ions en concentration faible s'adsorbent préférentiellement sur les sites spécifiques tandis qu'à des concentrations supérieures, l'adsorption non spécifique ou colloïdale prévaut. L'adsorption spécifique des espèces métalliques est à la fois fonction des propriétés des espèces ioniques et du mélange (Brigatti *et al.*, 1995).

La mobilité du Cd est favorisée avec l'abaissement du pH et l'augmentation du potentiel oxydant. La fixation du Cd^{2+} est optimale à un pH entre 4,4 et 7,0. Toutefois, en présence de MO, Cd^{2+} se solubilise considérant que l'ion $CdOH^+$ occupe difficilement les sites échangeables (Christensen, 1984). Par le fait même, les groupements hydroxyles des phyllosilicates influent sur la désorption du Cd (Vega *et al.*, 2004) et la concentration en Cd mobilisable augmente avec la proportion de fraction argileuse (Pulse et Bohn, 1988 ; Singh *et al.*, 2001). L'adsorption du Cd^{2+} est favorisée sur les phases géochimiques selon la séquence suivante: oxydée > organique > carbonatée > résiduelle > échangeable. Suivant l'augmentation du pH et de la concentration ionique, la capacité de fixation du Cd est supérieure à la fixation du Pb les mêmes conditions. Ce phénomène résulte d'une compétition moindre entre les ions H^+ et Cd^{2+} sur les sites d'adsorption spécifique.

Le Pb se concentre dans les dépôts sédimentaires sous les formes sulfurée (PbS), ionique (Pb^{2+}), oxydé (Pb^{4+}) ou résiduelle. L'adsorption du Pb^{2+} est favorisée selon la séquence suivante : résiduelle > organique > oxydée > carbonatée > échangeable. Pb^{2+} s'adsorbe sur l'illite en fonction de la concentration des ions compétiteurs. Les procédés d'échanges cationiques, quant à eux, agissent dans la fixation de Pb^{2+} sur la montmorillonite (Farrah et al., 1980). Des solutions d'eaux usées industrielles de forces ioniques équivalentes saturées en Pb^{2+} et en Zn^{2+} révèlent que l'ajout de montmorillonite engendre un léger décalage dans l'atteinte de l'état stationnaire d'échange. Le rayon ionique de Zn^{2+} (0,79Å) plus faible que celui de Pb^{2+} (1,19Å) aurait une influence sur la CEC de la montmorillonite. Tandis que la force ionique et la concentration des ions compétitifs sont suggérées par Breen et al. (1999) pendant que Pulse et Bohn (1988) amènent la notion du rapport liquide/solide pour expliquer le déséquilibre de la CEC.

Le Cu et le Zn existent sous plusieurs formes solubles et répondent sensiblement aux mêmes processus de solubilisation. La fixation du Zn est contrôlée par les processus d'adsorption, d'occlusion et de précipitation, de complexation, de chélation et de fixation microbienne. Ces réactions sont dépendantes de la charge de surface, donc du pH de la solution. L'adsorption spécifique du Zn s'effectue sur les sites échangeables des phyllosilicates à pH > 7. En conditions basiques, la chemisorption est avantagée par rapport à l'adsorption. À pH faible et en conditions oxydantes, la solubilisation du Zn permet la substitution avec Mg^{2+} dans les phyllosilicates. Les résultats de Kabata-Pendias (2001) montrent que la spéciation du Zn sous différentes formes obéit à la tendance suivante en environnement saturé: échangeable > oxydée > soluble > organique > résiduelle. Le Cu sous forme ionique se fixe principalement aux oxydes et aux hydroxydes de Fe et/ou de Mn amorphes (Vega *et al.*, 2004) et se solubilise en condition acide, principalement lors des procédés hypergéniques. La force ionique élevée contribue à l'adsorption spécifique du Cu sur la phase oxydée. La MO agit dans la formation de complexes solubles avec le Cu et permet aussi la formation de composés insolubles par rétention électrostatique (Schnitzer, 1969 ; Krosshavn *et al.*, 1993). L'adsorption non spécifique du Cu sur la montmorillonite et la vermiculite agit sur la phase échangeable, le Cu^{2+} se substitue alors avec Al^{3+} (Kabata-Pendias, 2001). Schwertmann et Taylor (1989) suggèrent que les phases résiduelles, telles la gibbsite, la goethite et la chlorite, présentent une forte capacité d'adsorption du Cu.

L'adsorption préférentielle du Ni^{2+} par les forces électrostatiques des oxydes de Fe est connue (Pulse et Bohn, 1988 ; Alloway, 1995). Vega *et al.* (2004) observent que les forces électrostatiques du talc et des micas favorisent l'adsorption du Ni^{2+} et mentionnent que Ni est souvent fortement lié sous forme résiduelle au même titre que Cr. Le transfert du Cr s'effectue par adsorption avec les composés organiques et coprécipitation avec les oxy/hydroxydes de Fe, d'Al et de Mn pour former des complexes organiques insolubles avec SO_4 en milieu anoxique.

CHAPITRE II

MÉTHODOLOGIE

La gestion sécurisée des sédiments de dragage requiert une compréhension globale de la minéralogie du dépôt face à la modification des conditions de départ. Pour ce faire, la connaissance des propriétés initiales doit être assurée. En assumant que la réactivité géochimique est étroitement liée à la granulométrie et à la minéralogie, l'élaboration d'outils complémentaires devient nécessaire à la procédure d'évaluation. Le chapitre II relate les méthodes employées lors de la caractérisation des échantillons et permet donc de faire ressortir les zones grises. Afin de diminuer les risques reliés au mode de gestion, il s'avère indispensable d'optimiser la caractérisation prescrite. Cet objectif est impensable sans la prise en compte des caractéristiques physicochimiques et minéralogiques du dépôt et du milieu récepteur.

2.1 Travaux d'échantillonnage

Afin de répondre aux exigences environnementales en matière de caractérisation physicochimique, les travaux d'échantillonnage ont fait l'objet d'une planification rigoureuse et normée (Environnement Canada, 2002). Cette approche est utilisée afin d'assurer une collecte représentative. En tout, vingt échantillons ont été prélevés le long de la voie maritime et de ses principaux tributaires. Les différentes stations d'échantillonnages ont été choisies en fonction de leur proximité avec les principales aires industrielles et portuaires autant métallurgique qu'agroalimentaire.

Dans un souci de représentativité, seuls les échantillons dont les propriétés physicochimiques furent conservées lors des prélèvements et des étapes successives de manipulation ont été retenus. Les prélèvements proviennent de la couche superficielle des sédiments, à moins de trente centimètres de profondeur et les techniques d'échantillonnage employées permettent la récupération complète des échantillons. Les différentes techniques d'échantillonnage sont déterminées en fonction de la hauteur de la colonne d'eau sus-jacente et des différentes matrices sédimentaires rencontrées. Certains prélèvements ont été réalisés directement à la pelle (P), à l'aide d'une benne de marque *Ekman* (B), d'un carottier à piston de marque *Ogeechee* (C) ou directement dans la barge de dragage (D). La première lettre du code d'identification des échantillons indique la méthode préconisée. L'échantillonnage s'est déroulé selon un plan d'échantillonnage déterministe, ce qui implique que le positionnement des stations est fixé selon les sources d'information disponibles et en fonction de critères particuliers. Ici, ces critères se basent principalement sur le contenu granulométrique du dépôt et la proximité des sources de rejets industriels. Le plan d'échantillonnage choisi a pour but de caractériser les secteurs les plus industrialisés de la voie maritime du fleuve Saint-Laurent et de ses tributaires et non d'en faire une caractérisation d'ensemble. Il s'agit principalement d'un échantillonnage exploratoire.

La campagne d'échantillonnage s'est déroulée de façon à regrouper la totalité des stations en quatre zones distinctes en fonction de la zone centrale, soit le secteur dragué à l'embouchure de la rivière Richelieu et du fleuve Saint-Laurent (Bassin #1).

Les autres bassins d'échantillonnage sont choisis en fonction de leur potentiel de contamination. Ils sont représentés par le secteur industriel en aval du port de Sorel-Tracy (Bassin #2), le secteur en amont le long de la rivière Richelieu, du fleuve St Laurent et de ses tributaires (Bassin #3) et le secteur industriel en amont sur les principaux tributaires du fleuve Saint-Laurent (Bassin #4). Les quatre bassins hydriques visés ainsi que la position des stations d'échantillonnage sont indiqués à la figure 2.1.

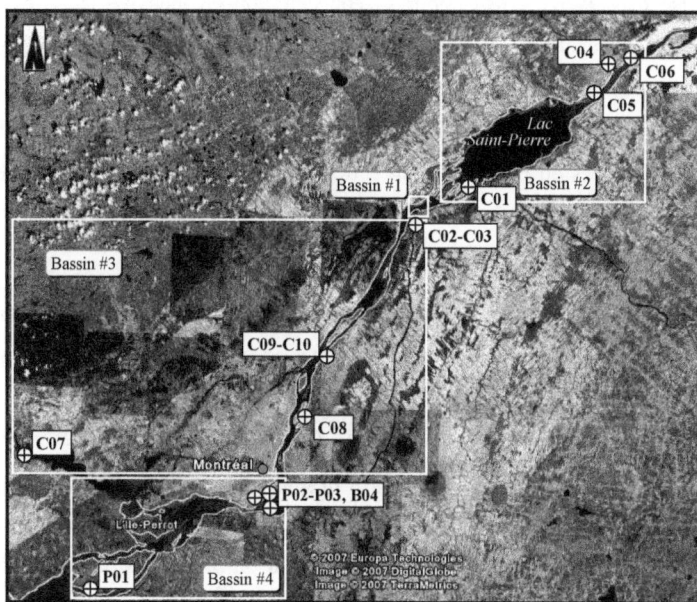

Figure 2.1 : Positionnement des bassins hydrographiques et des stations d'échantillonnage sur la voie maritime du fleuve Saint-Laurent, Québec (Source : Google Earth, 2007).

2.1.2 Caractéristiques des bassins d'échantillonnage

Le bassin #1 représente le secteur dragué par la flotte de dragage du Groupe Océan à l'automne 2005, sous la supervision environnementale et avec le support technique de la compagnie québécoise GERSOL. Six échantillons ont été prélevés à la pelle directement dans la barge de dragage lors de son déchargement. Les échantillons D00, D01, D02, D03, D04 et D05 proviennent des différentes zones visées par les travaux de dragage d'entretien. Seul l'échantillon D04 provient d'un secteur caractérisé dans la plage B-C pour sa concentration en métaux. Tous les autres échantillons possèdent des concentrations en métaux les classant dans la plage A-B. Le bassin #1 représente un environnement deltaïque contrôlé à la fois par l'hydrodynamique du fleuve Saint-Laurent et de son tributaire, la rivière Richelieu (fig. 2.2). Les rives du bassin #1 sont entièrement aménagées et industrialisées. La profondeur de drague à atteindre en 2005 était comprise entre 7 et 11 mètres.

Le bassin #2 est situé en aval du secteur dragué. Il se caractérise par un environnement fluviatile peu profond puisque les échantillons ont été prélevés sur les rives nord et sud de la voie navigable, à l'intérieur de la ligne des hautes eaux. Quatre échantillons représentent le secteur, soit C01, C04, C05 et C06. Les prélèvements ont tous été effectués à l'aide d'un carottier à piston. L'échantillon C01 provient de la rive nord de l'Ile des Barques à Sainte- Anne-de-Sorel (fig. 2.2), l'échantillon C04 a été prélevé sur la rive nord du fleuve à la hauteur du parc industriel de la ville de Trois-Rivières, dont les principales entreprises œuvrent dans la transformation des métaux. Les échantillons C05 et C06 ont été prélevés sur la rive sud du fleuve Saint-Laurent, à la hauteur du parc industriel de la ville de Bécancour.

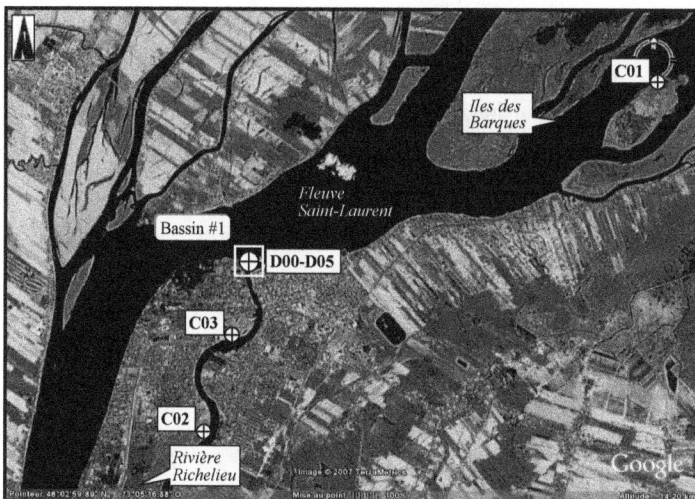

Figure 2.2 : Localisation du port de Sorel-Tracy (Bassin #1) et des stations d'échantillonnage amont et aval du secteur dragué (Source : Google Earth, 2007).

Les entreprises y exploitent, entre autres, des sites d'enfouissement de résidus de production. Les eaux usées domestiques y sont évacuées par le réseau d'égout municipal. Après traitement, elles sont rejetées dans le fleuve Saint-Laurent. Les eaux de pluies sont évacuées par un réseau de surface et se déversent directement dans le fleuve Saint-Laurent. Selon les règlements décrétés, les eaux industrielles usées, avant d'être évacuées, sont traitées de façon à éliminer tout risque de contamination. Pour ce qui est des rejets atmosphériques, la Société du parc industriel et portuaire de Bécancour a procédé à des analyses environnementales s'échelonnant de 1995 à 2000. Les contaminants atmosphériques suivants ont été décelés lors de cette étude : dioxyde de soufre (SO_2), oxyde d'azote (NOx), monoxyde de carbone (CO), ozone (O_3), composés organiques volatils (COV), fluorures et HAP. Aucune étude ne mentionne les teneurs en métaux des rejets liquides et solides.

Le bassin #3 représente le secteur amont le long de la rivière Richelieu, du fleuve Saint-Laurent et de ses tributaires. Les échantillons C02 et C03 représentent le secteur amont du secteur dragué (fig. 2.2). L'échantillon C02 provient de la plaine d'accumulation provoquée par l'évolution des méandres de la rivière Richelieu à la hauteur de la ville de Sorel-Tracy, tandis que l'échantillon C03 a été prélevé juste en amont du parc industriel Édouard Simard dans l'espace réservé à l'entretien des navires marchands. L'échantillon C07 provient de la rive sud de la baie de Como, située aux abords du Lac-des-Deux-Montagnes, à l'ouest de l'île de Montréal. L'échantillon C08 provient du parc des îles de Boucherville, secteur Saint-Laurent. Les échantillons C09 et C10 ont été prélevés sur la rive sud du fleuve Saint-Laurent à la hauteur du parc chimique de la ville de Varennes (fig. 2.1).

Le bassin #4 est représenté par le secteur industriel amont sur les principaux tributaires du fleuve Saint-Laurent. L'échantillon P01 est prélevé dans un ruisseau à proximité de l'usine *CEZinc* Inc., dans la ville de Valleyfield (fig. 2.1). Les échantillons P02 et B04 proviennent du Canal Lachine et du Canal de la rive sud, deux secteurs à vocation industrielle (fig. 2.3). L'échantillon P03 a été prélevé en amont du pont Champlain entre l'île des Sœurs et l'arrondissement Verdun.

Figure 2.3 : Agrandissement du Bassin #4 montrant la localisation des échantillons P02, P03 et B04 (Source : Google Earth, 2007).

2.2 Caractérisation environnementale

Les métaux contenus dans les sédiments de dragage excavés, lorsque soumis à des conditions acides et oxydantes, peuvent être mobilisés. La comparaison entre le contenu en métaux totaux et les concentrations des lixiviats acides est conduite dans le but d'anticiper le comportement des formes extractibles et potentiellement extractibles pouvant générer une potentielle contamination. Un échantillon pour lequel un contenu élevé en métaux disponibles s'accompagne d'une concentration faible dans le lixiviat pour ces mêmes métaux suggère que les métaux y sont présents sous des formes peu à non extractibles. Les étapes subséquentes de la démarche analytique ont pour but de caractériser l'importance des formes oxydées et des phyllosilicates dans la fixation des métaux.

2.2.1 Détermination du contenu en métaux disponibles

La caractérisation chimique de cinq échantillons provenant de la zone draguée de la rivière Richelieu a pour but de comparer les contenus en métaux disponibles et les concentrations des espèces inorganiques mobilisables afin de statuer sur la fixation des métaux par les différentes formes de spéciation. Le contenu en métaux disponibles des échantillons de sédiments provenant du dragage de la rivière Richelieu est obtenu avec à la méthode d'extraction aux acides forts MA. 200 – Métaux 1.1 (CEAEQ, 2008). Une digestion à l'acide nitrique concentrée (HNO_3 1%) est effectuée sur un poids de 0,5 g d'échantillon. Suite à une filtration, le volume de digestat obtenu est complété à 100 ml, impliquant qu'un premier facteur de dilution de 200 (100 ml / 0,5 g) soit appliqué à la solution. Le dosage des métaux est procédé avec un appareil de spectrophotométrie d'absorption atomique (AA). L'atomisation à la flamme air/acétylène permet le dosage pour des concentrations de l'ordre du mg L^{-1}. Conséquemment, le dosage des métaux disponibles nécessite une dilution de l'échantillon compte tenu des concentrations attendues. La dilution s'effectue en pipetant 1 ml de la solution de 100 ml auquel est ajouté un volume de 9 ml d'eau pour une dilution équivalente à 1 dans 10. Ce qui implique que le dosage s'effectue dans une solution diluée une seconde fois par un facteur de 10. En appliquant le facteur de dilution global, soit 2 000 ((100 ml / 0,5 g) · 10) ou (200 · 10) à la limite de détection de l'appareil AA, soit 1,0 mg L^{-1} pour la plupart des métaux et 0,5 mg L^{-1} pour le Cd, la valeur inférieure limite détectée par l'appareil pour les métaux dans un sédiment est de 2 000 mg kg^{-1} et de 1 000 mg kg^{-1} pour le Cd. En sachant qu'un volume de 1 L d'eau possède une masse de 1 kg, il est possible de convertir la concentration du métal dosé par AA (mg L^{-1}) en une concentration totale dans le sédiment (mg kg^{-1}).

La détermination du contenu total en métaux disponibles par digestion aux acides nitrique et chlorhydrique au sens de la méthode MA. 200 – Métaux 1.1 préconisée par le MDDEP (CEAEQ, 2008), a été effectuée sur la fraction totale des cinq échantillons provenant de la zone draguée. Les concentrations totales pour chacun des métaux dans le sédiment sont. À titre d'exemple, le contenu en Cr_{tot} disponible, exprimé en mg kg^{-1} de base sèche, de l'échantillon D00 est déterminé selon l'équation [3] :

$$[Cr_{tot}] = \frac{[Cr_{tot} \text{ en solution}] \cdot \text{volume final } HNO_3}{\text{poids de l'échantillon}} \cdot \text{facteur de dilution au dosage} \quad [3]$$

$$[Cr_{tot}] = \frac{7,045 \text{ mg L}^{-1} \cdot 100 \text{ ml}}{0,5 \text{ g de sédiment}} \cdot 10 = 14\ 900 \text{ mg kg}^{-1}$$

2.2.2 Tests de lixiviation

La mobilité des espèces inorganiques des sédiments est déterminée suivant la méthode de lixiviation acide : *Toxicity Characteristics Leaching Procedure* (TCLP, Méthode EPA 1311). Le protocole de lixiviation pour les espèces inorganiques (MA. 100 – Lix.com.1.0, CEAEQ, 2006) est utilisé afin d'évaluer si un résidu industriel est considéré comme lixiviable selon l'article 3 du *Règlement sur les matières dangereuses* ou le *Règlement sur les déchets solides*. La méthode de lixiviation employée pour simuler les pluies acides : *Synthetic Precipitation Leaching Procedure*

(SPLP, Méthode EPA 1312) est aussi effectuée pour déterminer la mobilité des espèces inorganiques susceptibles de se lixivier afin d'évaluer les possibilités de valorisation des résidus industriels non dangereux et de gestion des matières résiduelles traitées par stabilisation-solidification. La préparation des échantillons pour les méthodes EPA 1311 et 1312 est identique si ce n'est que différentes solutions de lixiviation sont utilisées. Pour la méthode EPA 1311, la détermination de la solution de lixiviation est fonction du pH de l'échantillon suite à l'ajout d'acide chlorhydrique 1N. Il s'agit d'additionner 3,5 ml d'HCl dans une solution de 5g d'échantillon (< 5mm) dissout dans 96,5 ml d'eau distillée. Suite à un chauffage à 50 ± 5°C pendant 10 minutes, la solution est ramenée à température ambiante. Les valeurs de pH obtenues au traitement HCl 1N étant inférieures à 5 impliquent que la méthode EPA 1311 soit conduite en utilisant la solution de lixiviation # 1 (tabl. 2.1). La solution de lixiviation # 1 (pH 4,93 ± 0,05) pour la méthode EPA 1311 est préparée dans un ballon de 2 L avec 11,4 ml d'acide acétique et 128 ml d'hydroxyde de sodium 1N. La solution de lixiviation EPA 1312 est un tampon d'acide nitrique et sulfurique dont le pH est de 4,20 ± 0,05. Elle est préparée dans un bécher de 2 L avec 1 000 ml d'eau distillée. Le titrage s'effectue avec une solution tampon préalablement préparée avec 14 ml d'acide nitrique et 16 ml d'acide sulfurique (47% HNO_3 : 63% H_2SO_4).

Tableau 2.1 : Valeurs de pH des échantillons suite au traitement acide avec HCl 1N

N° échantillon	pH	N° échantillon	pH
D00	2,16	C05	1,90
D01	1,96	C06	2,07
D02	1,80	C07	1,83
D03	2,42	C08	1,79
D04	2,13	C09	2,90
D05	2,26	C10	4,23
C01	1,87	P01	2,02
C02	1,88	P02	2,02
C03	1,89	P03	2,71
C04	1,78	B04	1,97

À titre indicatif, le tableau 2.1 montre des valeurs de pH inférieures à 3 pour tous les échantillons homogénéisés, à l'exception de l'échantillon C10 pour lequel le pH est de 4,23. Il apparait que la capacité d'échange anionique de l'échantillon C10 est inférieure considérant que l'activité des ions H^+ en solution n'a pas augmentée suivant l'ajout de la solution d'HCl. La capacité d'échange anionique (Cl^-, NO_3^-, SO_4^{2-}) est favorisée en conditions acides dans les dépôts riches en oxydes hydratés et en phyllosilicates de type 1 : 1.

Pour les deux types de lixiviations prodiguées, 10 g d'échantillon solide et non séché sont ajoutés à 200 ml de solution tampon (rapport solution tampon : solide = 200 : 10 = 20). La lixiviation implique que les échantillons soient culbutés pour une période de 18 ± 2 heures, à une vitesse de rotation de 30 ± 2 tours par minute. Après décantation, la solution est filtrée à 0,45 µm. Suite à une mesure du pH, le lixiviat est remisé à 4°C et s'il n'est pas analysé durant les deux heures qui suivent, quelques gouttes d'acide nitrique concentrée y sont ajoutées afin d'éviter la coprécipitation des métaux. Le dosage des métaux mis en solution est conduit avec un appareil de spectrophotométrie d'absorption atomique (AA). Le principe de fonctionnement se base sur l'émission ou l'absorption d'ondes électromagnétiques de l'atome sous sa forme libre. La variation de l'énergie atomique résulte du passage des électrons externes d'une orbitale à une autre lors de l'application d'une énergie modérée. Lors du dosage, 1 ml de solution est aspiré et vaporisé pour permettre la radiation caractéristique de l'analyte. Selon la Loi de Beer-Lambert, le nombre de particules entrant en résonance donne l'intensité d'absorption. Cette loi empirique stipule que l'absorbance, logarithme décimal de l'inverse du facteur de transmission, est proportionnel au coefficient d'absorption spécifique, lors du trajet optique pour une concentration donnée (Gill, 1996). Afin d'assurer la pertinence des résultats, les lixiviats obtenus sont analysés suivant les recommandations concernant l'application des contrôles de la qualité en chimie (DR-12-SCA-01). Les interférences ayant tendance à augmenter l'erreur sur la mesure, peuvent être causées, entre autres, par des perturbations spectrales et des phénomènes de viscosité et de tension superficielle (Gill, 1996). La fréquence d'insertion des paramètres de contrôle de qualité, tels les blancs, les solutions standards de référence pour chaque paramètre analysé et les duplicatas, doit être adéquate. L'étalonnage est entrepris au début de l'analyse et répété à tous les 18 ou 20 échantillons.

Dans le cas présent, le dosage des métaux en solution est effectué pour des concentrations faibles et la courbe d'étalonnage, fonction de l'intensité d'absorption, est difficilement obtenue. La méthode de dosage employée stipule que la calibration de l'appareil et de ses composantes soit effectuée avec des solutions d'étalonnage standardisées. Ainsi l'atomisation à la flamme air/acétylène permet une limite de détection instrumentale de 1 mg L^{-1} pour la majorité des métaux et de 0,5 mg L^{-1} pour le Cd. Considérant que les échantillons n'ont pas été dilués avant le dosage, la valeur inférieure limite détectée pour le dosage des métaux est la même que la limite instrumentale.

2.3 Caractérisation physicochimique

La détermination des classes texturales des échantillons permet d'étudier l'effet des processus physiques sur le degré de contamination des sédiments. La classification des échantillons en fonction de leur propriétés physiques est effectuée par des analyses granulométriques et densimétriques. L'erreur sur la mesure peut dépendre de nombreux paramètres, soit les techniques d'échantillonnage, les conditions de conservation, les méthodes analytiques ainsi que les appareils utilisés. De plus, la spéciation chimique affectant différemment les échantillons biaise les résultats en agissant, entre autres, sur l'adsorption ionique, les liens organiques et la précipitation sur les oxy/hydroxydes de Fe et/ou de Mn. Ces phénomènes influent sur la floculation et diminuent la dispersion de la fraction silto organique. Afin de palier la variabilité de la composition chimique des échantillons, le contenu en carbone organique est quantifié ainsi que le pourcentage de particules fines.

La quantification du contenu en matière organique (tabl. 3.4) nécessite un échantillon de sédiment représentatif et homogène. La méthode employée requiert l'addition de 15 ml de peroxyde d'hydrogène 30% à 50 g de sédiment sec dans 1 L d'eau distillée (Jackson, 1956). Les échantillons sont agités de 24 à 48 heures jusqu'à ce que les évidences de réaction disparaissent. Le contenu en MO est obtenu par la différence de poids avant et après la réaction d'oxydation. Un séchage à une température maximale de 40°C est préconisé afin de ne pas modifier la structure des phyllosilicates. Les pourcentages relatifs des particules passant les mailles 2 mm, 250 µm, 125 µm et 63 µm sont obtenus par tamisage humide (ASTM D 422-63). Un poids sec de 30 g du passant 63 µm est nécessaire pour effectuer la densimétrie ASTM D 421-85. À cette étape, une courte agitation au bain ultra-sons assure une meilleure défloculation. L'ajout de 90 ml d'hexamétaphosphate de sodium 0.5% dilué dans 1 L d'eau distillée diminue les forces d'attraction et permet la défloculation de la fraction fine. L'échantillon est versé dans un cylindre de verre et le volume est complété au trait de jauge avec de l'eau distillé. L'action défloculante est optimisée en laissant la sédimentation agir pendant 24h à température ambiante. Par la suite, les échantillons sont homogénéisés puis déposés à la verticale. Les mesures linéaires de densités sont relevées sur des hydromètres à intervalles de temps variables, soit 1, 2, 5, 10, 15, 30, 60 minutes, 2h, 3h, 5h, 8h et 24h. Les variations dues aux conditions ambiantes sont ajustées en fonction des densités lues sur un échantillon témoin. Les mesures de densité sont reportées sur des graphiques semi-logarithmiques et les mesures texturales sont déduites à partir des courbes théoriques de masse en suspension. La vitesse de chute des particules < 200 µm est estimée selon de la Loi de Stokes qui veut que la taille granulométrique dicte le taux de sédimentation. L'équation [4] montre la relation entre la vitesse de chute (V) en m²/s, l'accélération gravitationnelle (g), la viscosité du fluide (v), la densité particulaire (d), la densité du fluide (d^1) et le rayon de la particule (r).

$$V = (2/g) \cdot r^2 \cdot g \cdot ((d - d^1) / v) \qquad [4]$$

Le principe de la densimétrie implique la sphéricité des particules et une densité de départ de 2,6 ajustée en fonction de la température. Les pourcentages obtenus pour les différentes fractions granulométriques définissent les classes texturales des échantillons.

2.4 Caractérisation minéralogique

La diffraction des rayons X (DRX) permet la semi-quantification des phases géochimiques du mélange minéralogique pour chaque échantillon. La rapidité des modes préparatoires et opératoires est un avantage de la caractérisation minéralogique par DRX. Une description exhaustive du principe de DRX est présentée à l'appendice B. Afin de vérifier une des hypothèses de la présente recherche voulant que le degré de météorisation des physils renseigne sur la stabilité de l'assemblage, la caractérisation minéralogique doit mettre l'emphase sur l'identification des phyllosilicates en présence. Les tests de routine nécessaires à l'identification sont rehaussés par une approche complémentaire consistant en la décomposition des diffractogrammes (Thorez, 2003). Cette méthode fait ressortir aussi bien les assemblages minéralogiques des séries diagénétiques naturelles que les modifications cristallochimiques des phyllosilicates interstratifiés en transformation.

2.4.1 Identification et semi-quantification des phyllosilicates

L'approche utilisée pour l'identification et la semi-quantification des phyllosilicates nécessite des analyses DRX portées sur des lames d'échantillons orientés. Les analyses sont portées sur les fractions < 2µm et < 10µm dans l'objectif de relier le degré de météorisation avec la taille des phyllosilicates. Les intensités des réflexions basales (001) propres aux minéraux non argileux sont mesurées sur le

43

diffractogramme des échantillons naturels séchés à l'air (N). Les réflexions *001* des phyllosilicates, quant à elles, sont mesurées sur le diffractogramme des échantillons après saturation à l'éthylène glycol (EG). Les intensités relatives mesurées pour chaque échantillon sont compilées pour permettre de statuer de la composition minéralogique des assemblages. Les diffractogrammes de la fraction < 10μm montrent une bande de réflexions *parasites* comprise entre 7 et 10Å. La décomposition de ces bandes de réflexions à l'aide de l'étude du comportement des réflexions *002*, *003* et *004* permet la différenciation entre les épaulements, caractéristique des phyllosilicates en transformation. Le tableau 2.2 montre les positions des réflexions basales (*001*) pour les principaux phyllosilicates suivant les tests diagnostiques. Les chlorites sont caractérisés par une réflexion *001* se répétant à des distances de 14,1 à 14,4Å. Les séquences de réflexions basales des chlorites ne subissent pas d'expansion suite à la saturation (EG) et une faible contraction est observée suivant le chauffage à 500 - 700°C. Le test de saturation avec EG est appliqué dans le but de reconnaître le caractère expansible des espaces interfoliaires. Une des réactions caractéristiques des chlorites est observable suite au chauffage à 500°C. La réflexion *001*, tout en demeurant près de 14Å, voit son intensité augmenter d'un facteur de 2 à 5 en s'accompagnant de la diminution des intensités des ordres supérieurs des réflexions 00*l*. Cette caractéristique n'est pas spécifique aux chlorites car elle s'applique communément aux phyllosilicates se contractant à 10Å au chauffage, tels les smectites, les illites et les vermiculites.

Tableau 2.2 : Positions en angströms (1 Å = 0.1nm), des réflexions basales (*001*) des principaux phyllosilicates suivant les tests diagnostiques (N, EG et chauffage à 500°C)

Phyllosilicates	Positions de la réflexion *001*										
	7	8	9	10	11	12	13	14	15	16	17
Kaolinite	N										
	EG										
	Disparition de la réflexion *001*										
Chlorite								N			
								EG			
								500			
Chlorite gonflante								N			
									EG		
								500			
Illite				N							
				EG							
				500							
Smectite							N	N			
									EG	EG	
				500							
Vermiculite								N			
								EG			
				500							

(Source: Thorez, 2003).

Les kaolinites ont une réflexion *001* située à 7,14Å se superposant à la réflexion *002* des chlorites, située à 7,10Å. La confirmation de la coexistence des kaolinites et des chlorites dans l'assemblage s'effectue sur le diffractogramme N avec la distinction de la réflexion *003* des chlorites à 4,75Å que les kaolinites n'ont pas. La semi-quantification de ces deux phyllosilicates est obtenue en manipulant les intensités relatives du doublet formé par la réflexion *002* des kaolinites à 3,58Å et la réflexion *004* des chlorites à 3,50-3,55Å sur le diffractogramme N (Bayley, 1980). L'intensité relative des deux phyllosilicates est obtenue par la correction de la superposition selon le système d'équations [5] :

$$I_K = I_{(7Å)} \cdot \%K \qquad [5.1] \qquad \%K = I_{(3,58Å)} / (I_{(3,58Å)} + I_{(3,5\text{-}3,55Å)}) \qquad [5.2]$$

$$I_{Ch} = I_{(7Å)} \cdot \%Ch \qquad [5.3] \qquad \%Ch = I_{(3,5\text{-}3,55Å)} / (I_{(3,58Å)} + I_{(3,5\text{-}3,55Å)}) \qquad [5.4]$$

où I_K : intensité réelle des kaolinites ;

I_{Ch} : intensité réelle des chlorites ;

$I_{(7Å)}$: intensité de la superposition des réflexions à 7Å ;

$I_{(3,58Å)}$: intensité de la réflexion *002* des kaolinites à 3,58Å ;

$I_{(3,5\text{-}3,55Å)}$: intensité de la réflexion *004* des chlorites à 3,5-3,55Å.

Les illites possèdent une réflexion *001* se situant autour de 10Å. La largeur de cette réflexion est une indication du degré de pureté du phyllosilicate. Les illites appauvries en K_2O vont montrer une réflexion à 10Å élargie causée par l'interstratification de couches de chlorites et de smectites. Avec l'augmentation du contenu en Fe des illites, le rapport entre les intensités des réflexions *001/002* augmente aussi. Les smectites sont facilement identifiables considérant leur fort comportement de contraction et d'expansion des couches. Afin de permettre l'indentification des smectites, une saturation organique substituant l'eau interfoliaire par EG ou par du glycérol (G) est appliquée et clarifie la réflexion *001* en démontrant le caractère expansible des smectites en amenant la réflexion *001* suite à EG entre 16,6 et 17,2Å et autour de 17,7Å suivant le traitement G (Novick et Martin, 1983). La présence de chlorites gonflantes dans l'assemblage s'observe par un renforcement vers 16Å après la saturation EG.

2.4.2 Saturations cationiques

Les saturations cationiques effectuées sur la fraction < 10 μm de l'échantillon D05 permet de déterminer la nature des phyllosilicates interstratifiés en présence. La saturation au lithium (Li_N) permet de confirmer l'occurrence d'un assemblage smectitique *Sensu Lato* en observant le comportement de la réflexion *001*. Suite à un traitement thermique à 300°C (Li_{300}) il devient possible de distinguer la présence d'argiles à piliers (complexes Hydroxyl-Al) et de différencier les types de smectites. La saturation avec G (Li_G) sur le même échantillon amène l'hypothèse de la présence de montmorillonite ou de vermiculite dans l'assemblage. Le test de saturation au potassium (K_N) confirme la présence de vermiculite ou de montmorillonite dans l'assemblage smectitique et en chauffant l'échantillon à 110°C (K_{110}) on reconnaît la présence des smectites de néoformation. Le même échantillon saturé au K et chauffé à 110°C, lorsque porté à la saturation organique avec EG (K_{110EG}) confirme la nature du composant smectitique. La différenciation entre une montmorillonite de transformation et une vermiculite est validée. Une saturation avec G peut être appliquée sur l'échantillon préalablement saturé avec K (K_G) afin d'appuyer les résultats et de confirmer, le cas échéant, la présence de montmorillonite. Si le dernier test au K est négatif, la saturation au magnésium (Mg_N) valide la présence de vermiculite et suite à une saturation avec G (Mg_G), la distinction d'une variété de vermiculite, soit la beidellite est possible (Thorez, 2003). Les résultats des saturations cationiques portées sur la fraction < 10μm de l'échantillon D05 et le raisonnement qui en découle sont présentés en détail à la section 4.4.3.

CHAPITRE III

RÉSULTATS ANALYTIQUES

Les résultats analytiques obtenus à partir des caractérisations décrites au chapitre précédant sont présentés au chapitre III.

3.1 Contenu en métaux disponibles

La détermination du contenu total en métaux disponibles des échantillons provenant de la zone draguée sont montrés au tableau 3.1. Les résultats analytiques sont comparés avec les critères pour l'évaluation de la qualité des sédiments (Environnement Canada et MDDEP, 2007) ayant été développés, entre autres, dans le but d'assurer la gestion des sédiments provenant des travaux de dragage. Le seuil de contamination pour lequel les déblais de dragage ne peuvent être rejetés en eau libre est fixé en fonction de l'incidence des effets sur les espèces benthiques suite aux essais de toxicité. Les différents outils d'évaluation de la qualité des sédiments stipulent que la probabilité d'observer des effets biologiques néfastes est très élevée lorsque la concentration d'une substance dépasse la concentration d'effets fréquents (CEF). À ces concentrations, les déblais de dragage ne peuvent être rejetés en eau libre et nécessitent le traitement ou le confinement sécurisé. Le dépôt et la valorisation des sédiments en milieu terrestre sont encadrés par la grille des critères génériques de la PPSRTC (MDDEP, 2006) et évalués en fonction des valeurs limites du RESC (MENV, 1999). Le tableau 3.1 présente les résultats de la caractérisation du contenu en métaux disponibles des sédiments provenant des travaux de dragage de la rivière Richelieu.

Tableau 3.1 : Concentrations (mg kg^{-1}) des métaux totaux disponibles dans les échantillons de sédiment provenant du dragage de la rivière Richelieu - Méthode d'extraction MA.200 – Métaux 1.1

Métaux	Échantillons de sédiment de dragage						CEF[4]	PPRSTC[5] (mg kg^{-1})			RESC[6]
	D00	D01	D02	D03	D04	D05	(mg kg^{-1})	A	B	C	(mg kg^{-1})
As	< 2000	< 2000	< 2000	< 2000	< 2000	< 2000	23	6	30	50	250
Cd	< 1000	< 1000	< 1000	< 1000	< 1000	< 1000	12	1,5	5	20	100
Cr$_{tot}$	14 090	9 026	< 2000	2 136	< 2000	< 2000	120	85	250	800	4 000
Cu	11 618	10 660	6 996	5 008	5 990	11 108	700	40	100	500	2 500
Mn	68 362	70 586	64 704	58 408	61 244	58 810	ND	770	1 000	2 200	11 000
Ni	2 234	228	3 791	3 344	1 110	1 282	ND	50	100	500	2 500
Pb	< 2000	< 2000	< 2000	< 2000	< 2000	< 2000	150	50	500	1 000	5 000
Zn	8 036	30 856	15 166	9 640	6 270	59 592	770	110	500	1 500	7 500

0,0: résultats situés dans la plage A-B ; 0,0: résultats situés dans la plage B-C ; 0,0: résultats excédant le critère C ; **0,0** : résultats supérieurs à la CEF ; 0,0 : résultats excédant les valeurs limites du RESC.

Selon l'analyse du contenu en métaux disponibles des échantillons provenant des travaux de dragage d'entretien du port de Sorel-Tracy, les sédiments sont fortement contaminés en Cu, Mn et Zn et modérément à fortement contaminés en Ni et Cr$_{tot}$. Les concentrations obtenues lors du dosage du Cr$_{tot}$ sont inférieures à la limite de détection de l'appareil avec la dilution utilisée à l'exception des échantillons D00, D01 et D03 montrant des concentrations en Cr$_{tot}$ situées dans la plage > C de la PPRSTC. Les concentrations en Cr$_{tot}$ des échantillons D00 et D01 dépassent la valeur limite du RESC. Tous les échantillons montrent des concentrations supérieures au critère C de la PPRSTC, supérieures à la concentration d'effets néfastes et excèdent la valeur limite du RESC. Les concentrations en Mn classent la totalité des

---

[4] Concentration d'effets fréquents (Environnement Canada et MDDEP, 2007);
[5] Critères génériques (MDDEP, 2006);
[6] Valeurs limites du RESC (MENV, 1999).

échantillons dans la plage supérieure au critère C et au-delà de la valeur limite du RESC. Seul l'échantillon D01 montre une concentration en Ni située dans la plage B-C, les échantillons D00, D02, D03 D04 et D05 possèdent des concentrations en Ni supérieures au critère C. Seuls les concentrations de D02 et D03 dépassent la valeur limite du RESC. La totalité des échantillons montrent des concentrations en Zn supérieures au critère C, supérieures à la concentration d'effets fréquents et seul l'échantillon D04 n'atteint pas la valeur limite du RESC.

3.2 Mobilité des espèces inorganiques

Les tableaux 3.2 et 3.3 présentent les concentrations des métaux mis en solution suivant les méthodes EPA 1311 et EPA 1312 appliquées sur des échantillons de sédiments dont la seule phase solide est non séchée. À titre d'exemple, la concentration du Zn soluble (en mg L^{-1}) à la lixiviation EPA 1311 dans l'échantillon D01 est déterminée selon l'équation [6] :

$$[Zn] = \quad C_I \cdot f = 3,2 \cdot 1 = 3,2 \text{ mg L}^{-1} \qquad [6]$$

où   [Zn] : concentration finale du métal dans le lixiviat (mg L^{-1}) ;

C_I : concentration du métal fourni par AA lors du dosage (mg L^{-1}) ;

f : facteur de dilution équivalent à 1 (échantillons dosés sans dilution).

Selon le Guide de valorisation des matières résiduelles inorganiques non dangereuses de source industrielle comme matériau de construction (MENV, 2002), les teneurs obtenues doivent être comparées au *Règlement sur les matières dangereuses* (RMD, R.Q. c. Q-2, r.15.2, MDDEP, 1997) et au *Règlement sur les déchets solides* (RDS,

R.Q. c. Q-2, r.3.2, MDDEP, 1978). Selon le mode de gestion choisi, il est possible que les sédiments dragués soient en contact avec les eaux souterraines. Puisque les eaux souterraines sont utilisées à des fins de consommation, les concentrations mesurées dans les lixiviats doivent être comparées avec les normes prescrites à l'annexe II de la PPRSTC, provenant du *Règlement sur la qualité de l'eau potable* (RQEP, MDDEP, 2006). Les eaux souterraines pourraient également faire résurgence dans les eaux de surface, impliquant que les concentrations des lixiviats doivent satisfaire les critères de résurgence. Les critères de résurgence répondent aux valeurs limites de toxicité aigüe pour la protection de la vie aquatique. Pour plusieurs métaux, les critères de résurgence sont fonction de la dureté des eaux du milieu récepteur. Plus la dureté est grande, plus le critère de toxicité est élevé. Incidemment, les critères de toxicité des différents métaux ont été révisés en juillet 2007 par le MDDEP.

Tableau 3.2 : Concentrations en métaux des lixiviats des sédiments (mg L^{-1}) – Méthode TCLP USEPA

Métaux	Échantillons de sédiment																			
	D00	D01	D02	D03	D04	D05	C01	C02	C03	C04	C05	C06	C07	C08	C09	C10	B04	P01	P02	P03
As	<1,0	<1,0	<1,0	<1,0	<1,0	<1,0	<1,0	<1,0	<1,0	<1,0	<1,0	<1,0	<1,0	<1,0	<1,0	<1,0	<1,0	<1,0	<1,0	<1,0
Cd	<0,5	*0,55*	<0,5	<0,5	<0,5	<0,5	**0,5**	<0,5	<0,5	<0,5	<0,5	<0,5	<0,5	<0,5	*0,54*	<0,5	<0,5	<0,5	<0,5	<0,5
Cr$_{tot}$	<1,0	<1,0	<1,0	<1,0	<1,0	<1,0	<1,0	<1,0	<1,0	<1,0	<1,0	<1,0	<1,0	<1,0	<1,0	<1,0	<1,0	<1,0	<1,0	<1,0
Cu	<1,0	<1,0	<1,0	<1,0	<1,0	<1,0	*1,0*	<1,0	<1,0	<1,0	<1,0	<1,0	<1,0	<1,0	<1,0	<1,0	<1,0	<1,0	<1,0	<1,0
Mn	8,71	13,6	16,16	3,61	5,96	7,75	2,64	3,75	6,10	3,84	3,58	8,33	1,29	3,24	5,66	3,26	3,85	11,20	7,69	1,77
Ni	<1,0	<1,0	<1,0	<1,0	<1,0	<1,0	<1,0	<1,0	<1,0	<1,0	<1,0	<1,0	<1,0	<1,0	<1,0	<1,0	<1,0	<1,0	<1,0	<1,0
Pb	<1,0	<1,0	<1,0	<1,0	<1,0	<1,0	<1,0	<1,0	*1,19*	<1,0	<1,0	<1,0	<1,0	<1,0	<1,0	<1,0	<1,0	<1,0	<1,0	<1,0
Se	<1,0	<1,0	<1,0	<1,0	<1,0	<1,0	<1,0	<1,0	<1,0	<1,0	<1,0	<1,0	<1,0	<1,0	<1,0	<1,0	<1,0	<1,0	<1,0	<1,0
Zn	<1,0	*3,20*	*1,80*	<1,0	<1,0	<1,0	<1,0	<1,0	<1,0	<1,0	<1,0	*1,65*	<1,0	<1,0	<1,0	<1,0	<1,0	*2,98*	<1,0	<1,0

Tableau 3.3 : Concentrations en métaux des lixiviats des sédiments (mg L^{-1}) – Méthode SPLP USEPA 131

Métaux	Échantillons de sédiment																			
	D00	D01	D02	D03	D04	D05	C01	C02	C03	C04	C05	C06	C07	C08	C09	C10	B04	P01	P02	P03
As	<1,0	<1,0	<1,0	<1,0	<1,0	<1,0	<1,0	<1,0	<1,0	<1,0	<1,0	<1,0	<1,0	<1,0	<1,0	<1,0	<1,0	<1,0	<1,0	<1,0
Cd	<0,5	<0,5	<0,5	<0,5	<0,5	<0,5	<0,5	<0,5	<0,5	**0,53**	**0,85**	<0,5	<0,5	<0,5	<0,5	<0,5	<0,5	<0,5	<0,5	<0,5
Cr$_{tot}$	<1,0	<1,0	<1,0	<1,0	<1,0	<1,0	<1,0	<1,0	<1,0	<1,0	<1,0	<1,0	<1,0	<1,0	<1,0	<1,0	<1,0	<1,0	<1,0	<1,0
Cu	<1,0	<1,0	<1,0	<1,0	<1,0	<1,0	<1,0	<1,0	<1,0	<1,0	<1,0	<1,0	<1,0	<1,0	<1,0	<1,0	<1,0	<1,0	<1,0	<1,0
Mn	<1,0	<1,0	<1,0	<1,0	<1,0	<1,0	<1,0	<1,0	<1,0	<1,0	<1,0	<1,0	<1,0	<1,0	<1,0	<1,0	<1,0	<1,0	<1,0	<1,0
Ni	<1,0	<1,0	<1,0	<1,0	<1,0	<1,0	<1,0	<1,0	<1,0	<1,0	<1,0	<1,0	<1,0	<1,0	<1,0	<1,0	<1,0	*1,72*	<1,0	<1,0
Pb	<1,0	<1,0	<1,0	<1,0	<1,0	<1,0	<1,0	<1,0	<1,0	<1,0	<1,0	<1,0	<1,0	<1,0	<1,0	<1,0	<1,0	<1,0	<1,0	<1,0
Se	<1,0	<1,0	<1,0	<1,0	<1,0	<1,0	<1,0	<1,0	<1,0	<1,0	<1,0	<1,0	<1,0	<1,0	<1,0	<1,0	<1,0	<1,0	<1,0	<1,0
Zn	*1,0*	<1,0	<1,0	<1,0	<1,0	<1,0	<1,0	<1,0	<1,0	<1,0	<1,0	<1,0	<1,0	<1,0	<1,0	<1,0	<1,0	<1,0	<1,0	<1,0

Comparaison avec les normes en vigueur :

0,0 : Excède les normes du RMD ; *0,0* : Excède les normes du RDS ; 0,0 : Excède les normes d'eau potable du RQEP ; 0,0 : Excède les valeurs limites pour la protection de la vie aquatique ; * : Objectif d'ordre esthétique.

Tableau 3.4 : Normes environnementales en vigueur

Concentrations en métaux (mg L-1)	RMD	RDS	Normes eau potable (RQE)	Critères de résurgence (RQE)
As	5,0	-	0,025	0,34
Cd	0,5	0,1	0,005	0,0008
Crtot	5,0	0,5	0,05	0,85
Cu	-	1,0	< 1,0*	0,006
Mn	-	-	< 0,05*	1,86
Ni	-	1,0	0,02	0,22
Pb	5,0	0,1	0,01	0,025
Se	1,0	-	0,01	0,013
Zn	-	1,0	< 5,0*	0,055

Suivant la méthode TCLP EPA 1311, les échantillons D01, D02, C01, C03, C06, C09 et P01 font l'objet de restrictions concernant le RMD ou le RDS, principalement pour leurs concentrations en Zn et en Cd mobilisables. Selon la norme du RQEP, trois échantillons, soit D01, C01 et C09, montrent des concentrations supérieures à la norme sur l'eau potable et au critère de résurgence pour le Cd. Pour ce qui est du dosage du Pb, seul l'échantillon C03 montre une concentration supérieure à la norme sur l'eau potable et au critère de résurgence. Pour le Cu, seul l'échantillon C01 montre une concentration supérieure à la norme sur l'eau potable et à la valeur limite pour la protection de la vie aquatique. Les échantillons D01, D02, C06 et P01 possèdent des concentrations en Zn excédant le critère de résurgence. Sur les vingt échantillons de sédiments, seuls les échantillons C07 et P03 ne présentent pas une concentration en Mn supérieure au critère de résurgence.

Suivant la méthode SPLP EPA 1312, les lixiviats des échantillons C04 et C05 démontrent que ces sédiments pourraient faire l'objet de restriction une fois excavés. Leur concentration en Cd mobilisable dépasse les normes du RMD, du RDS et de RQE. La concentration en Zn mobilisable de l'échantillon D00 dépasse les normes du RQEP, à la fois pour l'eau potable et le critère de résurgence. D00 est aussi considéré comme un déchet solide au sens du RDS. L'échantillon P01 montre une concentration en Mn excédant l'objectif d'ordre esthétique du RQEP.

Le dosage de l'As, du Cr_{tot}, du Ni et du Se pour l'ensemble des échantillons montrent des concentrations équivalentes à la valeur limite inférieure détectée par AA. Ces valeurs, puisqu'elles sont supérieures aux normes en vigueur, ne permettent pas la comparaison.

3.3 Distribution granulométrique

La distribution granulométrique des échantillons est montrée au tableau 3.4. Selon les analyses granulométriques et les densimétries portées, la texture des échantillons est majoritairement celle d'un limon sablonneux. Le contenu en matière organique (MO) pour 85% des échantillons est inférieur à 3% (tabl. 3.5).

Tableau 3.5 : Résultats de l'analyse texturale (%) et du contenu en matière organique (%) obtenus à la digestion au H_2O_2 sur les échantillons de sédiments

Échantillon	Sable (%)	Fraction < 63µm (%)	MO (%)
D00	59,8	40,2	34,27
D01	48,7	51,3	2,79
D02	76,4	23,6	1,17
D03	77,7	22,3	1,37
D04	49,2	50,8	0,56
D05	58,2	41,8	29,86
C01	56,0	44,0	0,21
C02	72,1	27,9	1,50
C03	45,2	54,8	30,28
C04	95,5	4,5	1,29
C05	64,2	35,8	1,77
C06	52,3	47,7	0,72
C07	51,1	48,9	0,46
C08	90,4	9,6	0,96
C09	55,5	44,5	0,12
C10	62,9	37,1	0,55
P01	14,0	86,0	0,60
P02	90,5	9,5	0,14
P03	96,5	3,5	0,10
B04	77,5	22,5	0,26

Pour fins de comparaison entre les échantillons, ceux-ci sont regroupés en quartiles en fonction de leur contenu en MO. Le contenu en MO des échantillons P03, C09, P02, C01 et B04 est inférieur à 0,26%. Les échantillons C07, C10, D04, P01 et C06 se situent dans le deuxième quartile avec un contenu en MO entre 0,26 et 0,72%. Le troisième quartile contient les échantillons C08, D02, C04, D03 et C02 dont le contenu en MO varie entre 0,72 et 1,5%. Le quatrième quartile, formé des échantillons C05, D01, D00, C03 et D00, montre des contenus en MO supérieurs à 1,5%. Il est possible que la dissociation des complexes silto organiques pour les échantillons D00, D05 et C03 ne soit pas complète. Les pourcentages élevés en MO (29,9 à 34,3%) obtenus à la digestion au H_2O_2 suggèrent que les assemblages peuvent encore contenir de la MO complexée.

Un classement en quartiles est appliqué aux échantillons en fonction du pourcentage de fraction < 63 µm. Les échantillons C04, C08, P02 et P03 dont le pourcentage de fraction < 63 µm est en deçà de 9,6%, forment le premier quartile. Les échantillons B04, C02, C05, D02 et D03 se situent dans le deuxième quartile avec un pourcentage de fraction < 63 µm entre 22,3 et 35,8%. Le troisième quartile contient les échantillons C01, C06, C09, C10, D00 et D05 dont le pourcentage de fraction < 63 µm varie entre 35,8 et 47,7%. Le quatrième quartile, comprend les échantillons C03, C07, D01, D04 et P01 dont le pourcentage de fraction < 63 µm est supérieur à 47,7%.

3.4 Assemblage minéralogique

Les intensités relatives des phyllosilicates et des principaux minéraux des fractions < 2 µm et < 10 µm des échantillons de sédiments, regroupés en fonction des bassins d'échantillonnage, sont listées au tableau 3.6.

Tableau 3.6: Intensités relatives (Å) des assemblages minéralogiques des échantillons de sédiments regroupés par bassins d'échantillonnage, (fraction <2 μm / fraction <10 μm)

Éch.	K	Ch	Il	Sm	Am	Qtz	Fdsp K	Pl	CaCO$_3$	MgCO$_3$	Apatite	α-Fe$_2$O$_3$	FeS$_2$
BASSIN #1 Secteur dragué													
D00	78/45	436/140	338/99	53/20	12/12	606/440	106/153	449/196	106/15	130/59	20/9	37/11	45/12
D01	29/24	158/78	90/61	17/17	11/11	641/257	102/90	440/165	106/12	135/10	22/12	2/13	29/15
D02	16/37	91/73	60/48	18/17	10/11	721/215	77/36	344/101	12/10	27/12	11/11	45/6	36/10
D03	66/25	120/79	111/51	12/12	11/10	681/372	107/36	275/161	39/9	50/46	7/13	30/9	24/11
D04	27/32	103/101	67/34	21/18	19/12	706/252	188/82	476/142	66/13	129/101	8/12	31/22	25/23
D05	18/30	80/76	80/50	13/20	3/15	440/117	110/23	322/112	25/11	73/24	13/17	43/9	18/9
BASSIN #2													
C01	29/27	62/56	60/51	15/16	48/102	117/306	27/57	75/230	10/3	10/15	14/21	10/18	14/14
C04	21/32	23/47	47/89	13/12	34/24	100/272	47/86	74/181	14/12	13/20	9/23	7/12	10/12
C05	57/36	208/145	199/119	42/22	85/10	220/343	47/62	170/128	9/9	22/13	21/14	4/13	11/12
C06	28/89	140/326	170/394	19/18	50/11	149/403	48/118	110/270	10/11	17/29	6/27	20/26	16/23
BASSIN #3													
C02	39/53	121/159	112/111	25/20	62/107	157/598	45/149	127/367	15/7	20/27	7/17	6/31	8/19
C03	87/69	190/167	185/78	27/16	72/60	212/403	70/54	179/162	9/8	12/5	26/21	10/2	13/20
C07	18/18	37/29	38/50	24/30	35/11	263/463	45/82	149/262	8/11	15/18	14/10	9/19	14/18
C08	35/38	86/88	97/102	30/27	25/11	206/366	54/46	102/103	32/14	16/19	12/12	14/18	19/16
C09	61/30	289/227	220/201	24/18	131/84	266/375	77/60	275/200	30/34	28/43	18/21	12/22	18/17
C10	36/36	56/357	51/233	12/28	44/13	106/247	25/66	95/262	26/21	18/35	12/23	12/18	12/14
BASSIN #4													
P01	102/86	215/182	215/219	101/75	64/13	220/263	0/49	0/299	0/13	0/16	0/13	0/17	0/15
P02	23/26	37/60	64/67	17/23	31/24	94/355	15/16	40/111	0/16	0/20	0/11	0/7	0/13
P03	26/27	43/45	32/69	13/20	17/26	66/160	32/21	18/42	0/16	0/19	0/0	0/8	0/11
B04	68/46	83/69	140/72	16/16	22/6	392/435	19/35	40/70	0/14	0/13	0/14	0/17	0/13

CHAPITRE IV

INTERPRÉTATION DES RÉSULTATS

L'interprétation des résultats est spécifique à chacune des caractérisations portées, soit les caractérisations environnementales, physicochimiques et minéralogiques. Le degré de liberté des interprétations est diminué par les multiples paramètres physicochimiques encourus et par l'hétérogénéité des méthodes analytiques employées. Toutefois, la complémentarité des caractérisations devient possible lorsque les résultats remis dans leur contexte (provenance, granulométrie, charge toxique, etc.), permettent de relier les différentes fractions identifiées et de statuer de leur potentiel de fixation des métaux.

4.1 Analyse environnementale des boues de dragage

Les teneurs naturelles[7] en métaux des sédiments du tronçon fluvial du Saint-Laurent ont été déterminées par Saulnier et Gagnon (2003 ; 2006) et distinguent deux types de sédiments, soit les sédiments préindustriels et les physils postglaciaires. Les sédiments postglaciaires de la Mer de Champlain (± 8 000 ans) se distinguent par leur caractère cohésif, une plasticité et une compacité élevée, une couleur gris bleuté caractéristique,

---

[7]Teneur n'ayant subi aucune modification ou altération chimique d'origine anthropique.

un aspect fréquemment lité et la présence mouchetures noires et/ou de varves (Lavoie et Pelletier, 2003). Par érosion des fonds et des berges et par l'apport des tributaires, les limons fins argileux postglaciaires contribuent fortement à la composition des sédiments du fleuve Saint-Laurent. Les sédiments préindustriels datent d'avant 1920 et forment de minces lits sédimentaires au droit des zones d'accumulation du tronçon fluvial. Notons que les teneurs en Cr, Cu, Ni et Zn des physils postglaciaires sont supérieures aux teneurs des sédiments préindustriels pour ces même métaux. Saulnier et Gagnon (2003 ; 2006) mentionnent que ces variations sont d'ordre minéralogique et que les teneurs naturelles du Ni dans le fleuve Saint-Laurent sont associées à la minéralogie des physils postglaciaires (Environnement Canada et MDDEP, 2007).

Les teneurs ambiantes ont été déterminées pour les trois lacs fluviaux du Saint-Laurent (Environnement Canada et MDDEP, 2007). Les teneurs ambiantes des sédiments du lac Saint-Pierre dénotent un enrichissement diffus dans la couche superficielle d'origine naturelle et/ou anthropique. Les teneurs ambiantes correspondent au 75e centile des données recueillies sur 249 échantillons prélevés entre 1999 et 2003, excluant ainsi les valeurs pouvant résulter d'une contamination locale. Le choix du percentile permet aussi de considérer les teneurs ambiantes comme des concentrations totales[8]. Elles peuvent ainsi être comparées avec le contenu en métaux disponibles des échantillons de dragage obtenus après digestion avec HNO_3. Les teneurs naturelles sont également présentées au tableau 4.1. Elles sont obtenues par digestion aux acides HNO_3 et HCl et représentent les concentrations extractibles totales.

---

[8]Les concentrations totales sont obtenues suite à une minéralisation complète de l'échantillon à l'aide de l'acide fluorhydrique (HF) ou de l'acide perchlorique ($HClO_4$) (CEAEQ, 2006).

Tableau 4.1 : Concentrations en métaux disponibles ($mg \cdot kg^{-1}$) des échantillons D00 à D05 comparées avec les teneurs naturelles des sédiments préindustriels et postglaciaires et avec les teneurs ambiantes des sédiments du lac Saint-Pierre

Métaux	Échantillons de sédiments de dragage						Teneurs naturelles des sédiments		Teneurs ambiantes lac Saint-Pierre
	D00	D01	D02	D03	D04	D05	préindustriels	postglaciaires	
As	< 2000	< 2000	< 2000	< 2000	< 2000	< 2000	6,6	8,0	2,0
Cd	< 1000	< 1000	< 1000	< 1000	< 1000	< 1000	0,2	0,2	0,4
Cr_{tot}	14 090	9 026	< 2000	2 136	< 2000	< 2000	60,0	150,0	66,0
Cu	11 618	10 660	6 996	5 008	5 990	11 108	19,0	54,0	24,0
Mn	68 362	70 586	64 704	58 408	61 244	58 810	550,0	1 100,0	720,0
Ni	2 234	228	3 791	3 344	1 110	1 282	29,0	75,0	26,0
Pb	< 2000	< 2000	< 2000	< 2000	< 2000	< 2000	13,0	16,0	19,0
Zn	8 036	30 856	15 166	9 640	6 270	59 592	86,0	150,0	100,0

Les contenus en Cu, Mn et Zn disponibles des échantillons D00 à D05 sont supérieurs aux teneurs naturelles et aux teneurs ambiantes. Le dosage de l'As, Cd et Pb pour tous les échantillons ainsi que le dosage du Cr_{tot} pour les échantillons D02, D04 et D05 ne permettent la comparaison avec les teneurs naturelles et ambiantes. Toutefois, les concentrations en Cr_{tot} disponible des échantillons D00, D01 et D03 sont supérieures aux teneurs ambiantes et aux teneurs naturelles des sédiments préindustriels. Des analyses effectuées à la microsonde ionique démontrent que la magnétite [Fe^{2+}-$Fe^{3+}O_4$], la biotite et l'amphibole sont les principales sources de Cr_{tot} dans l'eau interstitielle d'un sédiment (Moncur *et al.*, 2005). Lorsque le Cr_{tot} est présent sous formes ioniques dans les sédiments, la forme la plus toxique étant le Cr^{6+}, il s'associe principalement aux oxydes de Fe et/ou de Mn. Pour les échantillons D00 à D05, les concentrations en Ni seraient apparentées à la forme résiduelle, expliquant ainsi le contenu en Ni disponible mais non lixiviable.

Le procédé de fusion des oxydes de Fe et Ti et de charbon entrant dans la production d'acier du complexe industriel QIT-FER et TITANE Inc. de Sorel-Tracy, générait en 1988 un débit à l'effluent évalué à 166 000 m^3 jour^{-1}. L'effluent principal provient essentiellement de l'usine d'enrichissement, où le traitement mécanique du minerai d'apatite-ilménite vise à augmenter le pourcentage d'oxydes de Fe et Ti de 85 à 95%. La charge quotidienne de l'effluent contenait entre autres, 425 000 kg de matières en suspension (MES), 51 300 kg de demande chimique en oxygène (DCO), 41 200 kg de Fe et 200 kg de Cr_{tot} (Legault, 1995).

Pour les métaux faisant l'objet de la présente recherche, ils sont présents dans l'effluent industriel dans l'ordre suivant : Mn >> Zn > Cu ≈ Cr_{tot} ≈ Ni >> Pb. Toujours selon Legault (1995), la charge en phosphore total de l'effluent est similaire aux charges de Cu et de Cr_{tot}. Des travaux de modélisation servant à anticiper la modification potentielle de la qualité de l'eau par la charge de MES dans le port de Sorel-Tracy ont été effectués par le MENV (2004). Le modèle intègre les processus de remise en suspension, de transport et de sédimentation et démontre que la modification de la qualité de l'eau sera contiguë à la rive sud du fleuve et s'étendra jusqu'au début de l'île-du-Moine, environ 7 km en aval. D'après la modélisation, le panache de dispersion est contrôlé par l'écoulement de la rivière Richelieu et ne semble pas rejoindre le chenal de navigation du fleuve Saint-Laurent. Ainsi, les sédiments remis en suspension sont soit confinés à l'embouchure de la rivière Richelieu, soit localisés le long de la rive sud du fleuve. Les échantillons D00 à D05 proviennent des travaux de dragage effectués dans ces deux zones. Le tableau 4.2 compare les métaux disponibles avec les métaux dosés dans les lixiviats des échantillons D00 à D05. La séquence des métaux disponibles des sédiments de dragage correspond à l'ordre dans lequel Legault (1995) classe les charges en métaux de l'effluent industriel de la QIT-FER et TITANE Inc.

Le Mn est lixiviable à la digestion acide TCLP EPA 1311 mais non lixiviable avec la SPLP EPA 1312 pour l'ensemble des échantillons. Les concentrations élevées en Mn mesurées dans les lixiviats de la TCLP EPA 1311 peuvent résulter entre autres, de la mise en solution du Mn à partir de la phase oxydée qui devient soluble en conditions acides. Selon le tableau 4.2, il est probable que le Zn lixiviable soit lié à la forme extractible des oxydes de Fe et/ou Mn. Le Zn peut aussi être associé avec la phase carbonatée potentiellement échangeable. La spéciation sur la phase échangeable fortement complexée avec des composés organiques peut expliquer le fait que le Cu disponible ne soit pas lixiviable pour la totalité des échantillons de dragage. Le fort pourcentage en MO de l'échantillon D00, soit 34,3%, suggère que l'adsorption par des composés organiques augmente la force ionique des phyllosilicates et par le fait même leur capacité à séquestrer les métaux dans leur structure. La même interprétation s'applique pour les échantillons D03, D04 et D05 où la présence de MO augmente la fixation du Zn disponible mais non lixiviable. Les contenus en Cr_{tot} et en Ni disponibles mais non lixiviables des échantillons D00 à D05 peuvent être présents dans la phase résiduelle sous une forme non échangeable.

Tableau 4.2 : Comparaison entre les métaux disponibles et les métaux lixiviables des échantillons de sédiments provenant des travaux de dragage

Échantillons	Métaux disponibles (MA.200 – Méthode 1.1)	Métaux lixiviables	
		TCLP EPA 1311	SPLP EPA 1312
D00	Mn >> Cr_{tot} > Cu > Zn > Ni	Mn	Zn
D01	Mn >> Zn > Cu ≈ Cr_{tot} > Ni	Mn >> Zn > Cd	-
D02	Mn >> Zn > Cu > Ni	Mn >> Zn	-
D03	Mn >> Zn > Cu > Ni > Cr_{tot}	Mn	-
D04	Mn > Zn ≈ Cu > Ni	Mn	-
D05	Zn ≈ Mn >> Cu > Ni	Mn	-

En résumé, les métaux mesurés dans les lixiviats des sédiments représentent les formes métalliques solubles, échangeables, faiblement liées avec les oxydes de Fe et/ou Mn, liées ou occlues aux carbonates ou aux sulfures. Toutefois, la lixiviation ne permet pas la désorption des métaux fortement liés aux minéraux ou fortement complexés par MO, ainsi que la dissolution des formes résiduelles non extractibles et non échangeables. Les observations sur les formes de spéciation des métaux doivent être comparées avec les propriétés physicochimiques de la solution ionique.

4.2 Effet de la variation du pH

En sachant que l'eau interstitielle répond aux variations atmosphériques par réajustement de pH, le comportement d'un sédiment face aux modifications des conditions physicochimiques peut être anticipé. Le tableau 4.3 montre des valeurs de pH pour les lixiviats de la TCLP EPA 1311 variant entre 4,88 et 6,91 et entre 6,64 et 8,05 pour les lixiviats SPLP EPA 1312.

Tableau 4.3 : Valeurs de pH mesurées pour les lixiviats des sédiments

Echantillons de sédiments	pH TCLP EPA 1311 (NaOH+HCH$_3$CO$_3$)	pH SPLP EPA 1312 (HSO$_4$+HNO$_3$)
D00	5,72	8,05
D01	5,28	7,99
D02	5,08	7,47
D03	5,68	7,57
D04	5,69	6,87
D05	5,41	6,96
C01	5,07	(3,98)
C02	5,18	(4,06)
C03	5,24	7,31
C04	(4,89)	6,64
C05	5,15	7,28
C06	5,36	7,56
C07	(4,88)	6,59
C08	5,41	7,55
C09	5,85	7,64
C10	6,23	6,83
P01	5,08	7,28
P02	6,91	7,63
P03	6,81	8,15
B04	5,30	7,81

Compte tenu de leur faible capacité d'échange anionique ou de leur faible pouvoir neutralisant, les échantillons C01 (pH = 3,98) et C02 (pH = 4,06) n'ont pas augmenté significativement le pH de la solution tampon SPLP EPA 1312 (pH = 4,20 ± 0,05). De même que les échantillons C04 (pH = 4,89) et C07 (pH = 4,88), qui ont conservé un pH équivalent à la solution tampon utilisée à la TCLP EPA 1311 (pH = 4,93 ± 0,05).

Lorsque que le pH de la solution est supérieur au PCZ, la capacité d'échange cationique est favorisée (fig. 1.3). L'augmentation du pH de la solution entraîne la neutralisation de la charge négative et les réactions d'échanges cationiques sont favorisées avec les phyllosilicates, dont le PCZ est inférieur à 2,5 (tabl.1.1). Un surplus d'ions H$^+$ est alors nécessaire pour neutraliser la charge permanente. Des réactions d'hydrolyse sont envisageables, optimisant ainsi la fixation des cations métalliques sur les phyllosilicates.

La capacité d'échange cationique de la phase oxydée est envisageable pour les solutions dont le pH est supérieur à 7, le PCZ de FeOOH se situant entre 6 et 7 (tabl. 1.1). La mobilité de Cd, Cu, Ni et Zn est favorisée en milieu oxydant et à pH < 3 (Smith *et al.*, 1999). Avec la hausse du pH et en absence d'oxydes de Fe, seuls le Cu et le Zn demeurent facilement mobilisables. La libération du Cu et du Zn diminue à mesure que la concentration en oxydes de Fe augmente. Tel que montré au tableau 4.2, les contenus en Mn, en Zn et en Cu disponibles des sédiments de dragage sont supérieurs aux concentrations des lixiviats pour ces même métaux. La rétention peut s'expliquer par des phénomènes d'adsorption spécifique sur la phase oxydée.

La mobilité du Cd est fortement reliée avec l'abaissement du pH et l'augmentation du potentiel oxydant. L'adsorption du Cd est favorisée pour les échantillons P02, P03 et B04, dont les contenus en MO sont inférieurs à 0,26% et les valeurs de pH des lixiviats TCLP EPA 1311 varient entre 5,3 et 6,9 et entre 7,6 et 8,2 pour les lixiviats SPLP EPA 1312. Le contenu en Cd lixiviable de l'échantillon D01 suite à la TCLP EPA 1311 peut s'expliquer par une solubilisation favorisée par la dissolution de la MO (2,79%) et un pH de 5,28.

Le Pb est caractérisé comme le métal lourd le moins disponible. Singh *et al.* (2001), ont démontré à l'aide de lixiviations TCLP EPA 1311 conduites avec des solutions tampons à pH 2,93 ± 0.05 et 4,93 ± 0.05, que la précipitation demeure le principal mécanisme de séquestration de Pb^{+2} en milieu aqueux. Selon ces mêmes auteurs, seulement 35% du contenu en Pb se mobilise lorsqu'adsorbé aux phyllosilicates phosphatés. Avec l'abaissement du pH, ce sont les liens organiques qui assurent la fixation irréversible du Pb lorsqu'une diminution du contenu en phosphore survient. L'adsorption du Pb sur les phyllosilicates dépend principalement du type de lien Pb-hydroxyles (ex. : $PbOH^+$, $Pb_4(OH)^{4+}$). Avec l'augmentation du pH, la précipitation du Pb est favorisée sur les hydroxyles, les carbonates, les phosphates et avec les complexes organiques. Dans ce dernier cas, la mobilisation du Pb suite à une hausse du pH, est plus lente que son accumulation dans la structure des composés organiques complexes. La rétention du Pb par la MO est favorisée pour les échantillons D00, D05, D01 et C05. Tandis que pour l'échantillon C03, le Pb se mobilise à la TCLP EPA 1311 malgré un contenu en MO de 30,28%. Pour cet échantillon, il semble que la mobilisation suite à l'abaissement du pH est plus rapide que la rétention par les composés organiques et les liens Pb-hydroxyles.

4.3 Analyse physicochimique

La composition chimique des sédiments récents est reliée à la minéralogie, qui en retour, influence la distribution granulométrique (Goldsmith *et al.,* 2001). La distribution granulométrique des échantillons peut renseigner sur les formes de spéciation des éléments inorganiques (Forstner et Wittman, 1983). Les métaux sont soustraits du lit sédimentaire et remis en suspension dans la zone diffuse fortement turbide et concentrée (Weaver, 1989). En milieu calme et à proximité des rives, les particules fines demeurent en suspension et les particules grossières retournent au lit sédimentaire en concentrant les métaux sous formes particulaires. Le maintien de la suspension des particules fines favorise le transport des métaux sous formes solubles, complexées, ou adsorbées aux colloïdes.

Le lit sédimentaire du bassin #1 est caractérisé par une constante mouvance et le bilan sédimentation/érosion est positif. L'apport sédimentaire est engendré par la baisse de l'énergie du courant dans l'environnement pré-deltaïque du lac Saint-Pierre et la charge sédimentaire diminue vers l'amont. Le courant de la rivière Richelieu érode des sols dont la texture est dominée par les limons sablonneux. Le batillage, causé à la fois par l'affluence sur la voie maritime et par l'emmagasinement d'énergie hydraulique le long du chenal de navigation, remet les limons en suspension mais ne semble pas prendre en charge les particules sablonneuses qui se concentrent dans les zones d'accumulation telles les hauts fonds de la zone draguée dans le port de Sorel-Tracy. Le contenu moyen en Ni disponible des échantillons du secteur dragué est de 2 000 mg kg^{-1}, impliquant que 80% des échantillons soit considérés comme étant fortement contaminés en Ni (plage > C). Toutefois, aucun des échantillons n'a démontré un contenu en Ni lixiviable. Un facteur $R^2 = 0,91$, calculé en corrélant le contenu en Ni disponible et le pourcentage de la fraction granulométrique grossière (> 63 µm), suggère que le métal est principalement sous forme résiduelle particulaire. Une telle corrélation n'est toutefois pas démontrée entre le contenu en Cr_{tot} disponible et la fraction grossière.

À l'opposé des effets de concentration liés à la forme particulaire, la présence de la forme échangeable peut être déduite par le pourcentage de phyllosilicates dont la floculation induit un certain transport des particules colloïdales. La figure 4.1 montre les histogrammes des pourcentages de physils pour les quatre bassins échantillonnés. Les formes métalliques en provenance du bassin #1 sont remises en suspension et sédimentent dans l'environnement deltaïque du bassin #2. La baisse du courant occasionnée par la présence de chenaux larges et peu profonds permet l'accumulation des particules fines, tel que le démontre le pourcentage de physils de l'échantillon C01, soit 44,0%. La spéciation des métaux dissous avec la phase échangeable complexée avec la MO peut être favorisée pour les échantillons C05 et C06, dont le contenu en métaux lixiviables est faible considérant que les sédiments ont été prélevés en aval des effluents de la ville de Trois-Rivières et du parc industriel de Bécancour. L'échantillon C05, prélevé à l'exutoire du lac Saint-Pierre, montre un pourcentage de physils évalué à 35,8% et un contenu en MO de 1,77%.

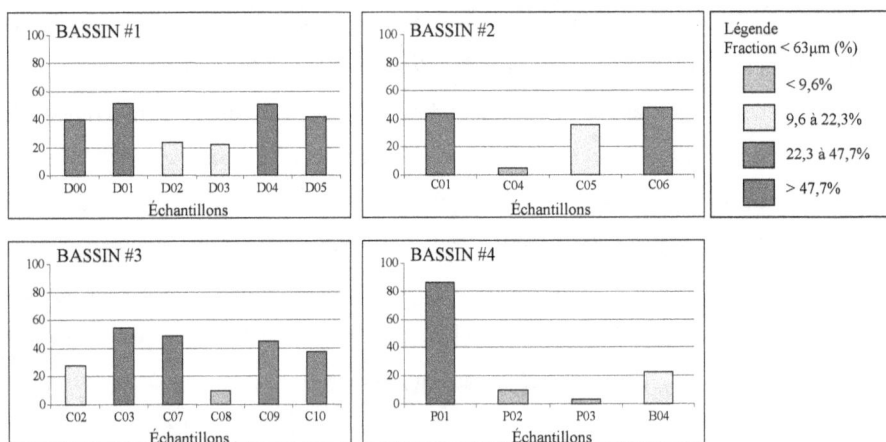

Figure 4.1 : Histogrammes des pourcentages des fractions < 63µm des échantillons classés en fonction des bassins échantillonnés.

L'échantillon C06, situé à l'embouchure d'un tributaire drainant les plaines argileuses des Basses-terres-du-Saint-Laurent, explique le fort pourcentage de particules < 63 µm évalué à 47,7%. Quant à la texture de l'échantillon C04, prélevé à la sortie de la rivière Saint-Maurice, elle est caractérisée par des particules détritiques de la taille des sables provenant de l'érosion des roches métamorphiques de la province de Grenville.

Les échantillons C02 et C03 proviennent des rives de la rivière Richelieu, en amont du secteur dragué. Les pourcentages de physils et de MO sont supérieurs pour l'échantillon C03 dont les conditions hydriques favorisent la sédimentation, C02 ayant été prélevé dans un secteur érosif. Les échantillons C07, C09 et C10 possèdent sensiblement la même proportion de physils (37,1 à 48,9%) et de MO (0,12 à 0,55%). La forme allongée des îles de ce secteur atteste du taux d'érosion continu affectant la texture de l'échantillon C08 dont le pourcentage de physils est évalué à 9,6%. La vélocité du courant entraîne les particules fines vers l'aval.

Les rives du bassin #4 sont fortement perturbées par un passé industriel. Les actions anthropiques actuelles entraînent la mise en suspension et la prise en charge des particules fines. Conséquemment, les échantillons B04, P02 et P03 montrent une texture sablonneuse. L'échantillon P01 provient d'un environnement marécageux, où la fluctuation des conditions d'oxydoréduction par le battement de la nappe phréatique, l'absence de courant hydrique et la nature des sols sous-jacents favorisent la météorisation et contribuent au pourcentage de physils (86,0%).

4.4 Analyse minéralogique

L'analyse semi-quantitative des assemblages minéralogiques à l'aide de la DRX est effectuée dans le but de permettre l'identification des phyllosilicates, la détermination du degré d'altération géochimique et la capacité d'échange ionique inhérente.

4.4.1 Semi-quantification des minéraux non argileux

La semi-quantification des minéraux non argileux de la fraction < 10 µm permet la comparaison entre les différentes phases géochimiques à l'intérieur d'un même échantillon. L'histogramme de la figure 4.2 montre la prédominance de la phase carbonatée dans la composition géochimique des échantillons. La provenance des carbonates est reliée au substratum paléozoïque carbonaté drainé par le fleuve Saint Laurent et ces tributaires. Les dépôts meubles quaternaires sus-jacents riches en sels solubles (Ca^{2+}, K^+, NO_3^-, SO_4^{2-}) contribuent aussi à la composition carbonatée des sédiments. La phase carbonatée est obtenue par la somme des intensités relatives des réflexions principales de $CaCO_3$ (3,03 Å) et $MgCO_3$ (2,89 Å) identifiés dans les diffractogrammes N. La phase carbonatées est prédominante dans la fraction < 10 µm pour tous les échantillons à l'exception des échantillons C01 et C03. Les processus hydrolytiques agissant sur les phases phyllosilicatées de ces échantillons peuvent favoriser l'adsorption d'ions H^+ au détriment des cations métalliques.

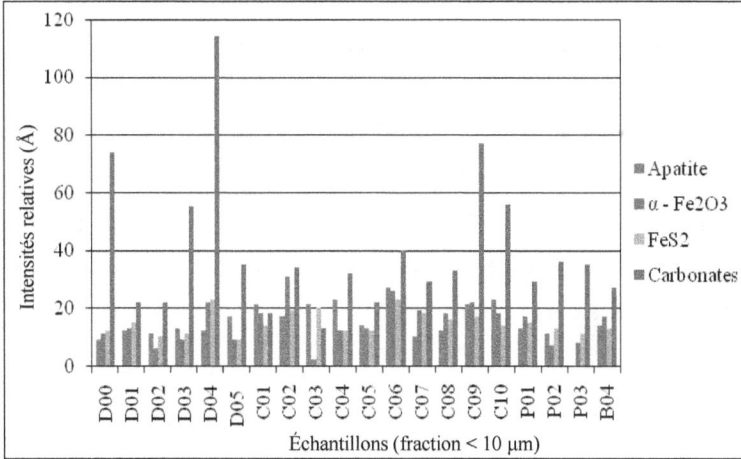

Figure 4.2 : Intensités relatives (Å) des principales phases géochimiques de la fraction < 10 µm des échantillons de sédiments.

Une forte concentration en ions compétiteurs peut entraver la séquestration des métaux traces sur la phase carbonatée comme sur la phase phosphatée. La phase résiduelle phosphatée des échantillons est représentée par l'apatite (2,82 Å). L'apatite présente dans les sédiments du fleuve Saint-Laurent trouve son origine dans les roches métamorphiques de la province de Grenville. L'apatite apparaît en quantités appréciables dans les carbonatites et dans les pegmatites reliées ou non aux intrusions alcalines. Des concentrations économiques d'apatite-ilménite ont été trouvées dans le complexe mafique stratifié de Sept-Îles. Le gisement alimente la QIT-FER et TITANE Inc. de Sorel-Tracy. Le minerai dont les réserves excèdent 100 Mt est formé de roches qui contiennent plus de 50 % d'apatite, d'ilménite et de magnétite (Cimon, 1998). L'apatite sédimentaire est principalement retrouvée sous forme de chlorapatite $(PO_4)_3Ca_5Cl$ et souvent retrouvée avec des chlorites et des phyllosilicates de type 1 : 1.

La plupart des métaux liés avec l'apatite demeurent intacts face aux variations de pH lorsqu'adsorbés sur la phase phosphatée. Les résultats de Singh *et al.,* 2001 vont dans le même sens pour des solutions d'extraction dont le pH varie de 3 à 10. Toutefois, la libération du Cd adsorbés à l'apatite augmente avec les concentrations de Ca^{2+} et Cl^- dans la solution. La désorption du Cd implique des processus d'échange ionique et d'adsorption d'ions Ca^{2+} à la surface de l'apatite. La mise en solution d'ions Ca^{2+} suite aux lixiviations acides sur les échantillons D01 et D04 a possiblement contribuée à la désorption du Cd relié à la phase phosphatée.

La phase oxydée des assemblages minéralogiques est représentée par l'hématite (2,7 Å). Toutefois, il est peu probable que la phase oxydée soit totalement représentée par l'hématite puisque cette forme d'oxyde de Fe est à l'équilibre thermodynamique dans la nature, l'oxygène étant dans un état tétraédrique. La pyrite (2,7 Å) représente la phase géochimique sulfurée des échantillons. L'oxydation des sulfures de Fe tend à mobiliser du Mn. Un milieu caractérisé par l'absence de sulfures en conditions réductrices et à pH > 5, le Cd, Cu, Fe, Mn, Pb et Zn restent potentiellement mobilisables. En ces termes, un pH élevé, des concentrations importantes en oxydes et en sulfures ainsi que des conditions d'oxydoréduction stabilisées peuvent potentiellement assurer la séquestration de certains métaux. Une diminution du pH augmente la CEC entre les différentes phases géochimiques en favorisant la solubilisation des métaux.

4.4.2 Identification et semi-quantification des phyllosilicates

La somme des intensités relatives des phyllosilicates dans l'assemblage minéralogique des échantillons représente 12,0 à 69,0 % de la fraction < 2 μm et 13,0 à 48,0 % de la fraction < 10 μm. Ces pourcentages peuvent s'expliquer par la défloculation incomplète des physils complexés avec la MO ou par l'existence d'édifices interstratifiés dont la taille est supérieure à 10μm. L'histogramme de la figure 4.3 illustre des pourcentages de phyllosilicates faiblement supérieurs dans la fraction < 2 μm comparativement à la fraction < 10μm, à l'exception des échantillons D01, D02, D04, D05, C06, C10 et P01.

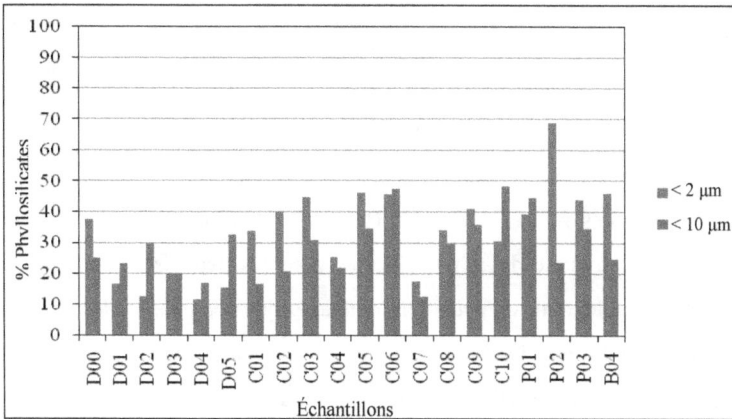

Figure 4.3 : Histogramme des pourcentages de phyllosilicates des fractions < 2 μm et < 10 μm des échantillons de sédiments.

Dans la partie supérieure de l'estuaire du fleuve Saint-Laurent, les physil en suspension montrent une composition minéralogique formée de 64% d'Il, 34% de Ch, 1,5% de K et d'une forme de Sm *sensu lato* en trace, principalement la montmorillonite (Weaver, 1989). Cet assemblage minéralogique origine des formations de shales Cambroordovicien des Basses-Terres-du-Saint-Laurent. La rivière Saguenay draine le Bouclier Canadien sur la rive nord du fleuve Saint-Laurent et contribue à l'apport en Il et en Ch dans une plus faible proportion (D'Angelian et Smith, 1973). Les résultats obtenus à la DRX sur les fractions < 2 μm et < 10 μm montrent que le tronçon fluvial du Saint-Laurent présente un assemblage minéralogique dont la composition Il ≈ Ch > K > Sm, s'apparente à celle quantifiée par Weaver (1989) pour le haut de l'estuaire. Le tableau 4.4 relate les moyennes calculées pour les pourcentages de phyllosilicates. On dénote la prédominance d'Il et de Ch par rapport à la K et la Sm.

Tableau 4.4 : Moyenne des pourcentages de phyllosilicates pour les fractions < 2 μm et < 10 μm

Fractions	%Phyllosilicates			
	Kaolinite (K)	Chlorite (Ch)	Illite (Il)	Smectite (Sm)*
(< 2 μm)	4,55	12,65	12,73	3,05
(0-10 μm)	4,17	11,26	10,43	2,23

* Smectites *sensu lato* incluant entre autres, la vermiculite et la montmorillonite.

Les histogrammes des figures 4.4 et 4.5 montrent des proportions constantes dans la composition minéralogique des phyllosilicates pour les deux fractions analysées. Les bassins #1 et #3 révèlent une composition minéralogique dominée par les chlorites (Ch ≥ Il > K > Sm), tandis que les bassins #2 et #4 sont faiblement caractérisés par une proportion d'Il plus marquée (Il ≥ Ch > K > Sm). La source sédimentaire ne semble pas régir les variations entre le contenu en Il et Ch considérant la faible différence entre les proportions. Les variations résultent possiblement du degré d'altération géochimique des Il (fig. 1.2). L'hypothèse d'une chloritisation plus avancée dans les bassins #1 et #3 reste à vérifier.

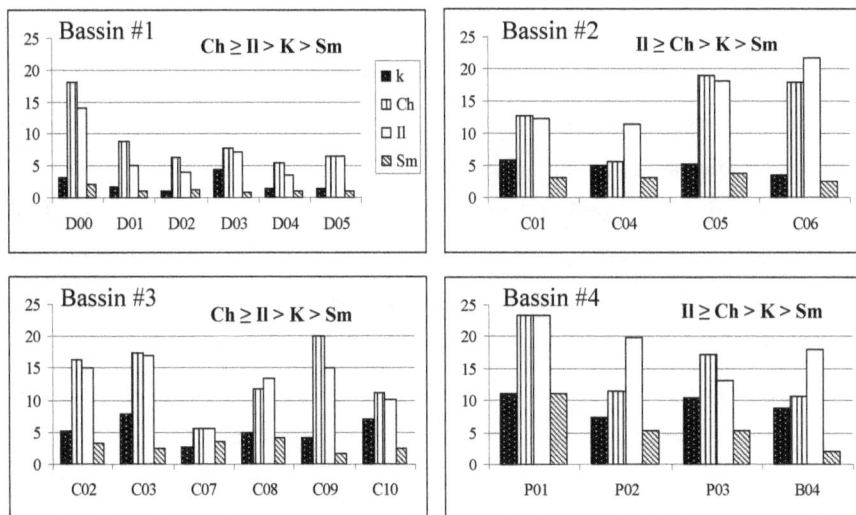

Figure 4.4 : Assemblages minéralogiques des phyllosilicates (en %) de la fraction < 2 µm des échantillons de sédiments.

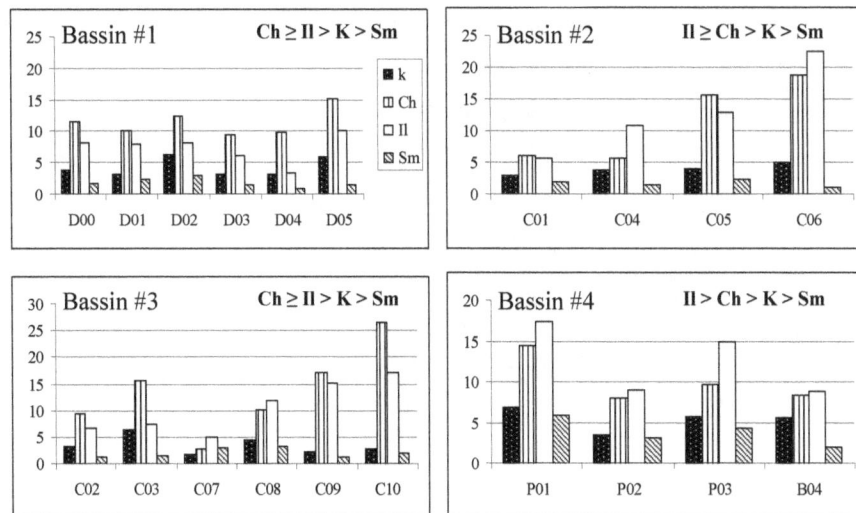

Figure 4.5 : Assemblages minéralogiques des phyllosilicates (en %) de la fraction < 10 µm des échantillons de sédiments.

4.4.3 Interprétation des diffractogrammes

Les différents tests de routine (N, EG, 500°C) ont été portés sur l'ensemble des échantillons tandis que les saturations cationiques ont été portées spécifiquement sur la fraction < 10 µm de l'échantillon D05, représentatif des sédiments de dragage de la rivière Richelieu. L'interprétation des diffractogrammes est présentée à titre d'exemple pour l'échantillon D05. Les phyllosilicates totalisent 35,6 % de l'assemblage minéralogique de la fraction analysée et le pourcentage de smectite est évalué à 1,4 %. Par conséquent, il est fort probable qu'un fort pourcentage de physils complexés avec des composés organiques forment des édifices interstratifiés dans l'échantillon D05. Suite à un premier dépouillement des diffractogrammes résultants des tests de routine portés sur la fraction < 10 µm de l'échantillon D05, la présence d'Il, de Ch ferrifère et/ou gonflante, de Sm *sensu lato* et de K est dénotée. De plus, sur le diffractogramme de la figure 4.6, l'augmentation de l'intensité de la réflexion à 10Å après chauffage prédit la présence d'interstratifiés Il/Sm et/ou Ch gonflante et/ou vermiculite. La présence d'interstratifiés Il/Ch est justifiable ainsi que la réactivité de la phase échangeable.

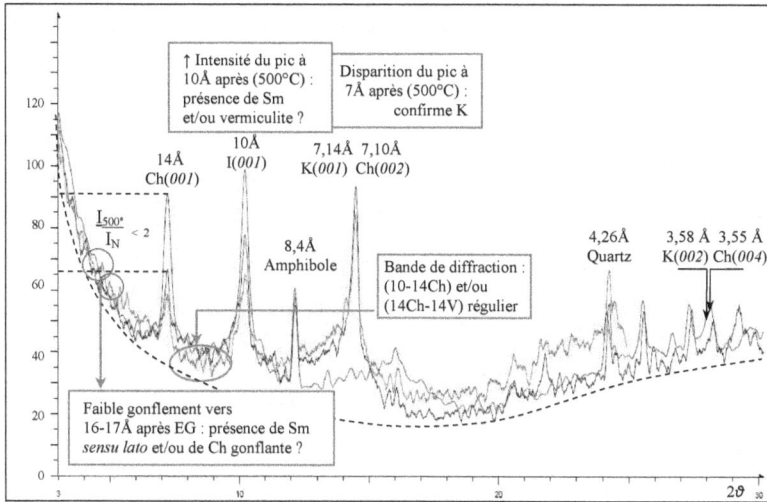

Figure 4.6: Diffractogramme de routine, échantillon D05, fraction < 10 μm.
—— (N) —— (EG) —— (500°C)

La variété de Ch peut-être obtenue en comparant les intensités des pics à 4,75Å (*003*), à 3,5Å (*004*) et à 7Å (*001*) sur le diffractogramme N de la figure 4.6 (Thorez, 1976). La totalité des Ch sont ferrifères et sont présentes dans le mélange sous forme trioctaédriques. L'intensité de la réflexion basale sur le diffractogramme 500° est fortement augmentée par rapport à l'intensité de la même réflexion après traitement EG, autre indication de la variété ferrifère. Le faible ratio (< 2) des intensités à 14Å, avant et après chauffage, atteste d'une modulation structurale affectant les Ch en présence (Brindley et Brown, 1981). À ce stade, la variété de Ch n'est pas sujette à la neutralisation de charge, impliquant que les substitutions isomorphes sont complètes. Un chauffage à 300°C pendant 2 heures permet de constater que les Ch en présence sont plus fragiles étant perturbées de façon précoce. La poursuite du chauffage à 500°C démontre que les Ch se sont dégradées totalement, voire vermiculisées. La structure cristalline des Ch devait donc être déjà modifiée par des processus d'hydrolyse avant la sédimentation.

En fonction de la figure 4.6, le composant smectitique est diagnostiqué par la présence, dans le diffractogramme EG, d'une réflexion (*001*) développée aux environs de 17Å. Ceci n'implique pas assurément qu'il s'agit de Sm mais peut-être, surtout dans le cas des sédiments, d'un interstratifié Il/Sm dont le taux de gonflement peut-être compris entre 35,0 et 50,0 % (Thorez, 2003). La présence d'une bande de diffraction entre 10 et 14Å sur le diffractogramme EG de la figure 4.6 indique la présence d'interstratifiés Il/Ch (10-14C)[9] et suppose l'occurrence possible de (14Ch-14V). La présence d'un interstratifié Ch/V se confirme au chauffage lorsque l'augmentation subtile des intensités des réflexions superposées dans la bande de diffraction est observée. Les réflexions augmentées sont situées à 12,7 et 11,7Å et témoignent de l'occurrence d'un édifice interstratifié régulier.

L'assemblage smectitique est confirmé suite à l'observation d'une réflexion à 12Å sur le diffractogramme Li_N de la figure 4.7. Le traitement thermique (Li_{300}) appliqué par la suite, bouge la réflexion observée préalablement à 12Å vers 10Å et libère de faibles réflexions sous forme de bandes de diffraction vers 14Å; indication systématique de la présence des Ch dans l'assemblage. Une faible réflexion persistante autour de 18Å disparait au chauffage (Li_{300}) et au traitement au glycérol (Li_{300G}). L'absence de son gonflement suite à Li_{300} et Li_{300G} confirme que c'est bien la réflexion 14Å, observée sur le diffractogramme de routine (N), qui s'est déplacée à 16,68Å suite à la glycolation

---

[9] Les chiffres entre parenthèses faisant référence aux différents interstratifiés renvoient à la position de la réflexion basale des phyllosilicates en présence.

(EG) et à 10Å après chauffage à 500°C. Ce comportement est typique d'un constituant smectitique (10-14Sm), infirmant la présence de Ch gonflante dans l'assemblage. La nature du composant smectitique demeure à déterminer. Il est possible que la montmorillonite soit présente sous forme d'interstratifié (10-14M). (Li_{300}) est susceptible d'affecter aussi la réflexion basale de la vermiculite (10Å).

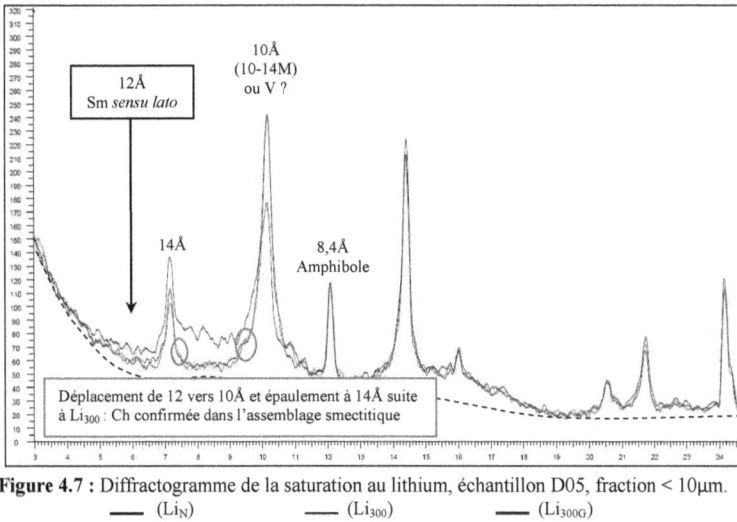

Figure 4.7 : Diffractogramme de la saturation au lithium, échantillon D05, fraction < 10µm.
——— (Li_N)   ——— (Li_{300})   ——— (Li_{300G})

Pour s'assurer de la réelle occurrence de la vermiculite, la saturation au K^+ doit être effectuée en parallèle (fig. 4.8). L'augmentation de l'intensité de la réflexion à 10Å sur le diffractogramme K_N suggère la plausible contribution soit, de vermiculite ou de montmorillonite de transformation dans le mélange mais affirme aussi l'occurrence de l'Il. La présence d'une réflexion à 17Å témoigne de l'occurrence des complexes d'Al_{17}, forme naturellement distendue de Sm *sensu lato*. Le traitement thermique K_{110} ne causant aucun gonflement de la réflexion à 10Å éloigne la possibilité d'une montmorillonite néoformée tandis que la conservation d'une partie de la réflexion 10Å sur le diffractogramme K_{110EG} montre que le constituant smectitique est effectivement de la vermiculite et non pas la montmorillonite de transformation.

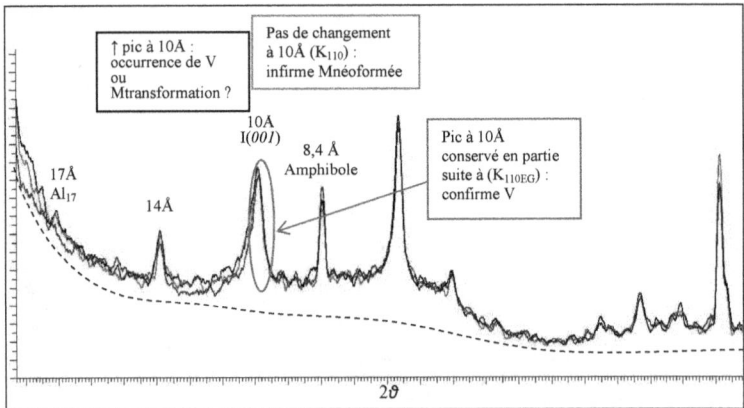

Figure 4.8 : Diffractogramme de la saturation au potassium routine, échantillon D05, fraction < 10 µm.
——— (K_N)   ——— (K_{110})   ——— (K_{110EG})

La figure 4.9 montre les diffractogrammes obtenus à partir de l'échantillon saturé au potassium traité au glycérol K_G. La saturation garde la réflexion à 10Å et produit une double réflexion à 14 et 12,7Å confirmant l'occurrence de vermiculite.

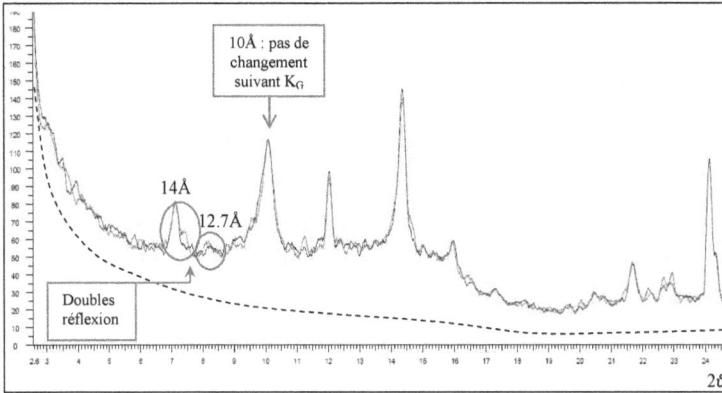

Figure 4.9 : Diffractogramme de la saturation au potassium traité au glycérol, échantillon D05, fraction < 10 µm. ⎯⎯ (K_N) ⎯⎯ (K_G)

La saturation au magnésium (Mg) (fig. 4.10) sauvegarde l'hypothèse de l'occurrence de vermiculite car la réflexion basale à 10Å appartenant à (10-14Sm) visible sur le diffractogramme Mg_N reste stable sur le diffractogramme MG_G.

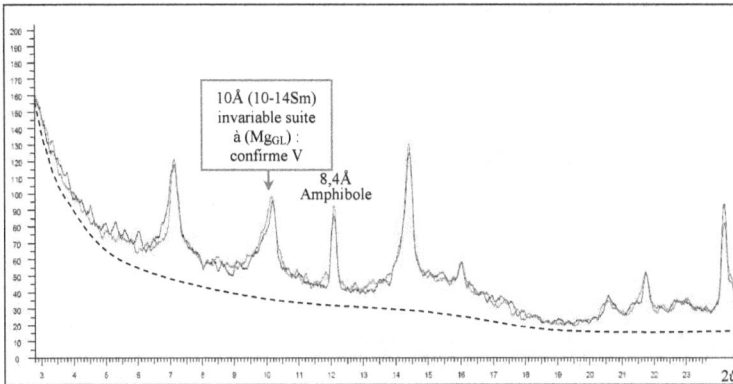

Figure 4.10: Diffractogramme de la saturation au magnésium, échantillon D05, fraction < 10 µm. ⎯⎯ (Mg_N) ⎯⎯ (Mg_{GL})

Les saturations cationiques effectuées sur la fraction < 10 µm de l'échantillon D05 permettent d'affirmer que les édifices interstratifiés en présence englobent des composantes smectitiques, soit des vermiculites, et des chlorites. Cet assemblage est typique de l'altération des minéraux parentaux hérités des formations sédimentaires paléozoïques, tels l'illite et les chlorites. En observant les différents comportements des réflexions communes à 14Å sur le diffractogramme N, il apparaît que la bande de réflexion est à la fois attribuable à la présence de chlorites intactes dans les interstratifiés (14Ch-14V), (10-14Ch), (10-14Sm) et des complexes Hydroxyl-Al_{17}. Ceci concorde avec les résultats de Jackson (1965) suggérant que l'hydroxylisation alumineuse étant plus prononcée dans les environnements bien drainés et acides, les complexes Al_{17} se retrouvent majoritairement dans les dépôts fluviatiles. Représentant 30,0 % de la matrice minéralogique de l'échantillon D05, la phase échangeable associée avec les complexes hydroxylés d'Al, représentent des pièges potentiels pour la fixation des métaux.

4.4.4 Interprétation des tendances géochimiques

En condition saturées, la spéciation des métaux sur la phase potentiellement échangeable résulte entre autres, des interactions entre la surface des phyllosilicates de transformation/dégradation et les composés organiques et/ou oxydés (oxyhydroxydes). Les réactions d'hydrolyse, impliquant des cations ayant des charges élevées et des rayons ioniques faibles, tels Fe^{3+}, Mn^{4+}, Al^{3+}, Si^{4+}, engendrent la néoformation de colloïdes polyphasés dotés d'une forte réactivité chimique. L'habituelle périodicité tridimensionnelle des phyllosilicates s'en trouve modifiée par des réarrangements structuraux divers : substitutions, sites inoccupés, fautes dans les répétitions d'empilement, ségrégations atomiques ainsi que mélanges irréguliers de phases. La connaissance de ces modulations structurales est primordiale pour relier les propriétés physicochimiques observables avec la stabilité structurale nanométrique résultant des processus d'altération géochimique des phyllosilicates. La compréhension des mécanismes géochimiques interactionnels passe par la compréhension des processus d'altération d'un assemblage minéralogique, telle que la détermination de la capacité et la réversibilité des liaisons, la détermination de l'abondance relative des éléments majeurs, mineurs et traces, la désignation des effets d'un film adhérant et de la formation d'agrégats sur la capacité de fixation de chaque substrat, la considération de l'effet des compétiteurs majeurs (Ca^{2+}, Mg^{2+}, Na^+ et Cl^-) et l'évaluation de la cinétique de la redistribution des ions.

La néosynthèse de kaolinite représente une tendance commune pour les phyllosilicates dégradés. La neutralisation des charges agit comme moteur dans l'atteinte d'un état d'équilibre et s'effectue par adsorption cationique et anionique (ex. : CrO_4^{2-}, AsO_4^{3-}) au sein de la structure cristalline des phyllosilicates. Les phénomènes de transformations peuvent donc représenter des processus de fixation agissant en tant que pièges potentiels pour la séquestration des métaux. En admettant que les concentrations des ions métalliques en solution demeurent faibles à modérées, la spéciation spécifique serait favorisée sur les sites échangeables jusqu'à saturation et ce indépendamment du pH. L'irréversibilité de la fixation est envisageable considérant la stabilité structurale, la faible CEC et le faible coefficient d'hydratation, dues à la neutralité des charges. La compréhension des phénomènes de fixation des espèces ioniques en milieu naturel ou perturbé requiert une connaissance des mécanismes réactionnels de surface agissant sur les phyllosilicates. Les caractérisations environnementale, physicochimique et minéralogique permettent d'appréhender le comportement des différentes phases solides en contact avec les solutions naturelles et déterminer les conditions optimales de fixation des métaux par la fraction silto organique.

Le confinement est susceptible de modifier les conditions oxydantes des couches supérieures et inférieures du dépôt en des conditions anoxiques. Cette modification peut influer sur la solubilité des métaux ainsi que sur la productivité des microorganismes. Les cations métalliques divalents deviennent insolubles en conditions anaérobiques. Les principaux facteurs à prendre en considération lors de la gestion des sédiments excavés sont les formes de spéciation du métal, les types d'interactions (absorption/désorption contrôlée et précipitation contrôlée), la concentration en métaux solubles et la composition du mélange minéralogique.

CONCLUSION

Il est apparu, au cours de cette étude, que l'adsorption spécifique des métaux sur la phase échangeable peut devenir irréversible en fonction de la neutralisation des charges du phyllosilicate et de la solution ionique. En conditions saturées et indépendamment du pH, la minéralogie de la fraction phyllosilicatée des sédiments à évoluée jusqu'à l'obtention d'un équilibre thermodynamique risquant d'être modifié lors du remaniement lié au dragage. L'évolution géochimique et le stade d'altération minéralogique des sédiments de dragage de la rivière Richelieu favorisent l'adsorption des ions métalliques sur la phase échangeable et organique, la coprécipitation subséquente avec les oxy/hydroxydes de Fe et de Mn et la spéciation particulaire de ces complexes nouvellement stabilisés en des phases précipitées inertes. Les facteurs interagissant au cours de l'argilogénèse deviennent plus agressifs en conditions oxydantes et accélèrent les réactions géochimiques dans l'atteinte d'un état d'équilibre thermodynamique. Face aux modifications des conditions de départ, l'altération géochimique agissant au cours de l'argilogénèse risque d'augmenter la stabilité de la fraction silto organique. Les techniques de diffractométrie des rayons X et les saturations cationiques ont permis de déceler les composantes des interstratifiés et de déterminer les principaux sites d'adsorption des métaux. L'adsorption des métaux au sein de la structure cristalline cause une *reconstruction* artificielle de la structure des phyllosilicates dégradés, tout en diminuant la CEC de l'assemblage par neutralisation des charges.

85

Le remaniement des déblais de dragage provenant de la rivière Richelieu risque d'accélérer les processus d'argilogénèse de la fraction silto organique représentée par l'échantillon D05 (< 10 µm). La réactivation des processus d'altération géochimique de l'assemblage minéralogique, formé de chlorites intactes superposées avec des interstratifiés (Ch/V), (Il/Ch), (I/Sm) et des complexes hydratés d'Al, tendra à diminuer la CEC avec la formation subséquente de phyllosilicates de plus en plus stables, dont la montmorillonite dans un premier temps suivie par la kaolinite et finalement les oxydes de Fe et d'Al hydratés. La montmorillonite, comparativement à la kaolinite, possède une CEC plus élevée et aura tendance à se gonfler et se rétrécir lors de l'alternance des phénomènes d'humectation et de dessiccation. Par conséquent, la caractérisation minéralogique revêt une grande importance dans la prédiction du comportement géochimique du sédiment et permet de cerner des actions anthropiques pouvant favoriser l'atteinte d'un équilibre thermodynamique au sein de la fraction silto organique.

Le taux de lixiviation du Mn de la phase oxydée suggère que le maintien des conditions physicochimiques est nécessaire pour assurer la capacité de fixation sur les formes extractibles. En maintenant des conditions d'oxydoréduction stables et un pH supérieur à 5, la capacité de séquestration des phases oxydées est optimisée. Le potentiel de lixiviation du Cd, Cu et Zn reste faible malgré la concentration disponible. La spéciation sur les phases potentiellement extractibles, les carbonates et les physils liés avec la matière organique, accompagnée d'une neutralisation de la charge pour la fraction silto organique peuvent conférer au déblai de dragage de la rivière Richelieu une certaine capacité de fixation des métaux. L'irréversibilité de la fixation est envisageable lorsque la fraction échangeable, suite à l'accélération des processus réactionnels de surface, atteint l'équilibre et la stabilité d'une phase non échangeable. En ce sens, la gestion terrestre sécurisée des sédiments du port de Sorel-Tracy peut être valorisée autrement que dans un site autorisé. Cet enlignement nécessite une caractérisation minéralogique exhaustive, l'étude des tendances géochimiques dan le temps en fonction des affinités entre les phases géochimiques et les contaminants inorganiques en présence et ce, sous chacune des formes de spéciation identifiées. De plus, les modifications externes à l'assemblage minéralogique devront être suivies et contrôlées afin d'en diminuer les impacts. Suivant cette approche de gestion intégrée, la valorisation des déblais de dragage peut envisager l'utilisation des boues comme matériel de recouvrement. La maîtrise des propriétés physicochimiques pourrait assurer un contrôle de la mobilité des métaux. Les résultats de la présente recherche montrent un pH élevé, des concentrations importantes en oxydes et en sulfures ainsi que des conditions d'oxydoréduction stabilisées peuvent potentiellement assurer la séquestration de certains métaux en formant des composés organiques et inorganiques insolubles.

APPENDICE A

CLASIFICATION STRUCTURALE DES PHYLLOSILICATES

Le manque d'uniformité dans l'identification et la quantification des phyllosilicates complique la classification minéralogique. L'étude des changements subtils au niveau structural, comme la composition minérale, la cristallisation ou les défauts de la cristallisation, permet la classification. L'unité structurale fondamentale des phyllosilicates est composée d'une couche et de son espace interfoliaire adjacent. L'épaisseur de l'unité structurale est comprise entre 7 Å (0,7nm) et 17 Å (0,17nm) le long de l'axe cristallographique. Cette épaisseur constitue le principal moyen d'identification car elle varie selon les espèces minérales. Dans le cas des édifices interstratifiés réguliers, l'épaisseur de l'unité structurale peut atteindre 31 Å. La complexité structurale augmente avec l'espacement entre les ions. La classification est déduite en fonction de propriétés structurales analogues.

Les phyllosilicates possèdent une structure feuilletée résultant de l'association de tétraèdres et d'octaèdres empilés de façon perpendiculaire à l'axe cristallographique. Ces structures primaires ayant respectivement des atomes de Si et Al en leur centre s'associent pour former : des couches tétraédriques (O-Si) et octaédriques (OH-Al). Des atomes d'oxygène occupent de façon stœchiométrique les deux plans fondamentaux de la couche (O-Si). Les plans atomiques ou de clivage sont parallèles aux couches, lieux ou les constituants des phyllosilicates, (ex. : O_2 OH^-, H_2O, M^+,...) s'introduisent de façon à assurer la neutralité électrique et la stabilité mécanique. Ces types de couches se superposent pour former des feuillets séparés par un espace interfoliaire. Cet espace peut être vide comme dans le cas des minéraux du groupe des kaolinites ou comblé par des cations secs, tel K^+ dans l'illite-muscovite, des cations plus ou moins hydratés, tel Mg^{2+} dans les vermiculites, des cations complètement hydratés, tels Na^{2+} ou Ca^{2+} dans les smectites et/ou par une couche complémentaire d'hydroxydes de Mg et d'Al, comme dans l'exemple de la chlorite.

La couche TO est caractérisée par un empilement simple d'un feuillet tétraédrique (T) combinée à un feuillet octaédrique (O). Dans cet empilement, les oxygènes, localisés aux apex des tétraèdres silicatés et les groupements hydroxyles, appartenant à un des deux plans OH de la couche octaédrique sont condensés, formant ainsi un simple plan de clivage commun (O-OH) appartenant aux deux feuillets. Des atomes de Si, Mg ou Al se partagent deux tiers des atomes d'oxygène de ce plan commun tandis que des protons et des atomes de Mg ou Al se partagent les oxygènes restants. La figure A.1b) montre les cinq plans atomiques parallèles de la couche TO, formés par l'arrangement spatial des atomes d'O, de Si, d'O-OH, de Mg ou Al, et d'OH. Le groupe de phyllosilicates formé par des couches TO englobe la serpentine et la kaolinite, minéral 1 : 1. Leur formules chimiques fondamentales respectives sont $[Mg_6Si_4O_{10}]$ $(OH)_8$ et $[Al_4Si_4O_{10}](OH)_8$.

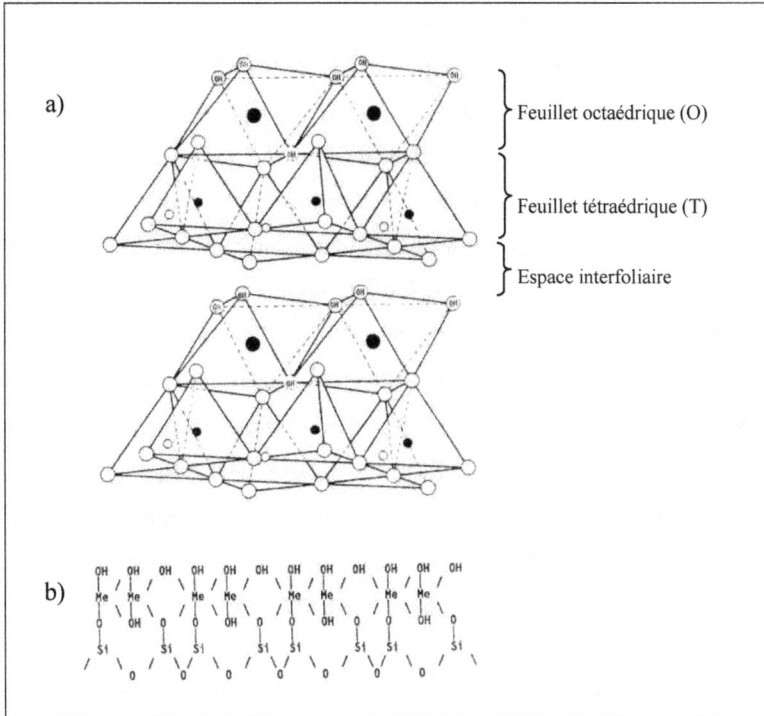

Figure A.1 : Représentation schématique d'une couche TO, tirée de Yariv et Cross (2002). (●): Si; (◉): Mg ou Al; (○): O ou OH; (a): représentation tridimensionnelle de la structure; (b): schématisation latérale des liens existants.

Les variations structurales reposent entièrement sur la façon dont les couches TO s'empilent les unes sur les autres le long de l'axe cristallographique. La structure spiralée (ou tactoïd), formée de l'empilement de plusieurs couches TO, distingue trois types de groupements hydroxyles de par leur position structurale: les (O-OH) internes, les (O-OH) internes-superficiels et les (O-OH) superficiels. La condensation des feuillets tétraédriques et octaédriques forme les groupements (O-OH) internes. Les groupements (O-OH) superficiels se retrouvent sur le plan formant la surface externe du tactoïd tandis que les hydroxyles internes-superficiels appartiennent au plan O-OH de surface de la couche TO située à l'intérieur du tactoïd. Les oxygènes sont également distribués selon ces trois types de position. Les arrangements atomiques des hydroxyles et des oxygènes octroient l'exposition de différentes surfaces. Par exemple, la plupart des kaolinites possèdent une surface spécifique d'environ 10 m^2g^{-1} (Yariv et Cross, 2002). Les arrêtes de la couche occupent entre 15,0 et 20,0 % de la surface totale alors que les surfaces constituées de deux O et de O-OH occupent chacune environ 40% de la surface spécifique totale (Kronberg et al., 1986). Les forces résultantes de l'association des couches TO sont de trois types; les liens hydrogènes, dans lesquels (O-OH) internes donnent un proton aux atomes internes d'O, les forces d'attraction de Van der Waals agissant entre les couches parallèles et les forces électrostatiques intervenant entre les groupements (O-OH) d'une surface chargé positivement et les plans O chargés négativement entre deux couches TO parallèles. La contribution des liens hydrogènes au sein des forces interfoliaires est minime chez les phyllosilicates de type TO considérant que l'acidité et la basicité de surface des groupements (Si-O) et OH est faible. Les termes acidité et basicité de surface réfèrent à la capacité d'échange (donneur de proton ou accepteur de paire d'électrons et *vice versa*) par les groupes fonctionnels situés sur la surface externe ou dans l'espace interfoliaire du minéral (Yariv et Michaelian, 2002). L'acidité de surface d'un phyllosilicate est en grande partie responsable des propriétés intrinsèques d'absorption, de l'activité catalytique et des propriétés colloïdales. Les sites acides et basiques se retrouvent à la fois à la surface du minéral et entrent dans la détermination de l'acidité totale intrinsèque du minéral. Les sites peuvent être de différentes forces. Les réactions surviennent à la surface mais aussi dans l'espace interfoliaire des phyllosilicates hydratés.

Une couche silicatée de type TOT est formée d'un feuillet octaédrique compris entre deux feuillets tétraédriques condensés en une seule couche désignée (Thorez, 2003). Cet empilement engendre deux plans (O-OH) communs à la fois aux feuillets T et O car les apex d'un des tétraèdres silicatés sont condensés avec un des plans OH du feuillet octaédrique tandis que les apex du second feuillet T se condensent avec le deuxième plan OH du feuillet O. La majorité des phyllosilicates sont ainsi formés et répondent à l'appellation 2 : 1. La figure A.2b) montre les sept plans atomiques parallèles, soit deux plans formés d'O, deux plans de Si, deux plans d'O-OH, et un plan de Mg ou Al.

Les couches TOT sont retenues ensemble selon un arrangement chaotique dicté par les forces électrostatiques des espaces interfoliaires. Considérant cette dissociation, les cations échangeables deviennent substituables par d'autres cations organiques et inorganiques (Yariv et Cross, 2002). Les couches TOT parallèles s'empilent les unes sur les autres et les cations échangeables hydratés s'y logent entre. Les propriétés chimiques des espaces interfoliaires sont aussi associées avec l'acidité et la basicité de surface. L'eau et les molécules organiques polaires sont attirées par les cations échangeables et cause l'expansion de la structure lors de l'intercalation des espaces interfoliaires. L'espace interfoliaire d'un phyllosilicate expansible de type TOT repose entre deux couches silicatées parallèles et est bordé par deux arrangements planaires d'O, dont les oxygènes appartiennent aux groupements (Si-O). Une des liaisons particulièrement importante des phyllosilicates est celle du groupement (Si-O). Cette liaison covalente pourvoit en grande partie le réseau cristallin des feuillets, des couches et des empilements structuraux (Gill, 1996). La structure des espaces interfoliaires dépend de la cinétique des molécules d'eau, des forces d'attraction électrostatiques entre les molécules d'eau et les cations échangeables ainsi que des forces d'attraction et de dispersion entre les couches TOT (Yariv, 1992). La nature des plans O murant l'espace interfoliaire ainsi que la nature des ions échangeables y étant contenus contribuent aussi à dicter la structure. Des sites d'adsorption acides et basiques sont présents dans l'espace interfoliaire des phyllosilicates (Yariv et Cross, 2002). Les oxygènes des plans O et les cations métalliques échangeables sont respectivement des donneurs et des accepteurs de paire d'électrons. Lorsque la formation de deux ou trois monocouches d'eau interfoliaire, dite de structure, est possible, des réactions d'adsorption osmotiques permettent un gonflement plus important de l'espace interfoliaire. Les arrangements planaires d'atomes d'oxygènes bordant les espaces interfoliaires y sont chargés négativement. Par le fait même, les anions aqueux peuvent être adsorbés par les couches TOT seulement s'ils forment des complexes chelatés chargés positivement.

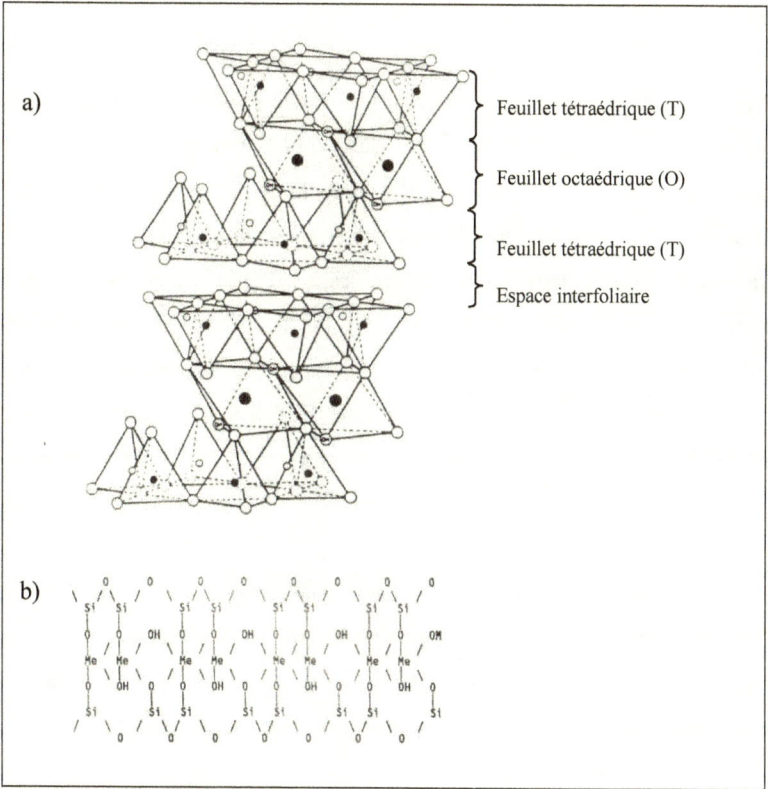

Figure A.2 : Représentation schématique d'une couche TOT, tirée de Yariv et Cross (2002). (●) Si; (●) Mg ou Al; (○) O ou OH; (a): représentation tridimensionnelle de la structure; (b) schématisation latérale des liens existants.

Substitution isomorphes

Les substitutions isomorphes peuvent affecter le feuillet tétraédrique, le feuillet octaédrique ou les deux à la fois. La substitution fréquente du Si par Al et occasionnellement par Fe^{3+} affecte le feuillet tétraédrique de certains minéraux 2 :1. Les sites tétraédriques sont plus fréquemment le site de substitution. Toute fois, la variabilité cationique est supérieure dans le feuillet octaédrique. Il en demeure que Al peut être y complètement ou partiellement substitué par Mg, Fe, Ti, Ni, Cr, Zn, Mn, Cd, Hg, Se, As et Pb. Pour ajouter à la complexité des substitutions, celles-ci peuvent être complètes (3/3) ou limitées (2/3), ce qui engendre une différenciation entre les minéraux trioctaédriques (3/3) et dioctaédriques (2/3). La plupart des structures formées à basse température demeurent incomplètes (Weaver, 1989).

La variabilité des substitutions isomorphes engendre une vaste gamme compositionnelle de phyllosilicates, notons l'exemple de la smectite *Sensu Lato*. Les atomes d'Al et/ou Mg des feuillets O sont souvent substitués par des atomes dont le nombre d'oxydation est moindre. Il en résulte un déficit de charge balancé par la présence, dans l'espace interfoliaire, de cations hydratés (K, Na, Ca et Mg). Le groupe des smectites, comprenant entre autre la montmorillonite, fixe faiblement les cations hydratés par les charges négatives. En milieu aqueux extrêmement dilué, les smectites se dissocient en une vaste gamme de couches silicatées TOT négativement chargées et libèrent plusieurs espèces cationiques échangeables.

La résultante de la charge négative est souvent induite par des substitutions tétraédriques d'Al^{3+}. Le cation principal des feuillets octaédriques est Mg^{2+} tandis que

96

Fe^{2+} occupe habituellement les espaces interfoliaires octaédriques. La substitution avec Al^{3+} et Fe^{3+} induit la charge positive. Les forces électrostatiques ainsi que les liens hydrogènes existent autant dans les groupements (O-OH) interfoliaires que sur les plans O des couches TOT.

Polytypisme

Un polytypisme peut être observé suite à la combinaison de différentes modulations structurales. Les tétraèdres silicatés exhibent une forme ditrigonale plutôt qu'hexagonale. Ces variations sont notamment dues à une nouvelle substitution des cations interfoliaires (Na par Ca et/ou Ca par Na dans le cas des smectites), une inversion périodique dans la couche octaédrique, un réarrangement des atomes d'oxygènes autour du K interfoliaire dans l'exemple de l'illite, une variabilité de l'épaisseur de l'unité structurale fondamentale comme dans l'exemples des smectites ou des chlorites gonflantes au contact de l'eau, le tassement partiel ou complet des espaces interfoliaires des smectites et des vermiculites suite à un chauffage, un arrangement structural permettant la présence de vides, des couches octaédriques surdimensionnées occasionnant la rotation des feuillets, une distorsion des octaèdres causée par la présence d'Al en leur centre et une réorientation des atomes d'oxygène des tétraèdres autour de atomes de potassium compensatoires des espaces interfoliaires (Thorez, 2003).

Les chlorites illustrent bien le phénomène de polytypisme. Elles possèdent deux feuillets octaédriques dont la complexité de la composition permet une infinité de modulations structurales. Par exemple, les couches TOT peuvent aussi bien être dotées d'une forte charge négative et être reliées par K^+, être chargées négativement ou positivement et être séparées par une couche hydratée ou encore, posséder une vaste gamme de charges pour accueillir des composés d'hydroxyles de Fe, Al et Mg . De plus, les hydroxyles ne semblent pas obéir à une distribution régulière de par la force de leurs liens ou de leurs positions. Les chlorites (2/3) se forment entre autre par la précipitation des couches d'hydroxyles de Fe et Al dans les espaces interfoliaires des smectites ou des vermiculites. En considérant les différentes associations possibles pouvant être formées par les deux types de feuillets interfoliaires, les deux positions de celui-ci sur la couche 2 :1 initiale et la position de celle-ci sur les feuillets interfoliaires, une seule couche de chlorite peut montrer jusqu'à douze polytypes (Bayley, 1980).

APPENDICE B

PRINCIPE DE LA DIFFRACTION DES RAYONS X

Principe de la diffraction des rayons X (DRX)

Le phénomène de diffusion de Rayleigh stipule que suite à l'exposition d'un noyau atomique par les rayons X, les oscillations induites par le déplacement du nuage électronique provoquent une réémissions d'ondes électromagnétiques de mêmes fréquences. La diffraction est de ce fait un phénomène relié aux interactions des ondes électromagnétiques en contact répétitif avec des agencements géométriques. L'espacement des agencements se doit d'être similaire à la magnitude de l'onde électromagnétique pour permette la diffraction. La DRX est désignée pour des longueurs d'ondes allant de 10^{-2} à 1nm. Les rayons X sont diffractés par l'agencement répétitif des espacements (de 1 à 20Å ou 0.1 à 2nm) de la structure tridimensionnelle d'un cristal (fig. B.1). En présence de plusieurs longueurs d'ondes, comme dans le cas un mélange minéralogique, les interférences des rayons diffusés vont être alternativement constructives ou destructives. Lorsque cet effet est constructif, une longueur d'onde est dispersée dans une direction angulaire spécifique. La direction dans laquelle l'interférence est constructive est appelée pic de diffraction et elle peut être déterminée selon la loi de Bragg par l'équation [7]:

$$2d \sin \theta = n \cdot \lambda \qquad [7]$$

où   d : distance inter réticulaire (entre deux plans cristallographiques) ;
      θ : demi angle de déviation (moitié de l'angle entre le faisceau
      incident et la direction du détecteur) ;
      n : ordre de réflexion ;
      λ : Longueur d'onde des rayons X.

Comme les plans cristallographiques peuvent être repérés par les indices de Miller (*hkl*), les pics de diffraction sont indexés selon ces indices. Une poudre formée d'une

100

phase cristalline va toujours donner lieu à des pics de diffractions ayant les mêmes directions avec des intensités relatives constantes. Ces diffractogrammes forment ainsi une véritable signature de la phase cristalline. Il est donc possible de déterminer la nature de chaque phase cristalline au sein d'un assemblage minéralogique à conditions d'avoir préalablement déterminé la signature de chaque phase à l'aide de banques de données disponibles. Dernièrement, l'indentification au DRX s'est diversifiée pour comprendre la description des structures cristallographiques tridimensionnelles des phyllosilicates et l'évolution de ces structures dans les séries diagénétiques naturelles. Cette caractérisation implique l'utilisation de poudres désorientées, associées à la simulation d'édifices structuraux tridimensionnels.

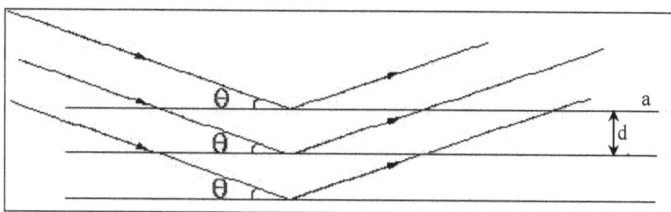

Figure B.1 : Schéma de la diffraction des rayons X, (θ) demi-angle de déviation, (a) plan réticulaire, (b) distance inter réticulaire.

Les analyses DRX des fractions réactives inférieures à 2µm et à 10µm, réalisées sous forme d'agrégats orientés après extraction du matériau global. Elles fournissent une estimation à la fois qualitative et quantitative des divers composants argileux, qu'ils s'agissent de minéraux simples et/ou interstratifiés et des minéraux non argileux. Ceci à l'aide des trois tests diagnostiques classiques : séchage de l'agrégat orienté par passage au diffractomètre à l'état naturel (N), après solvatation aux polyalcools tel que l'éthylène glycol (EG) et enfin après chauffage (500°C). La méthode d'agrégats orientés est plus difficile à appliquer en présence de smectite dont le séchage trop rapide et non contrôlé entraîne une désorientation des particules micrométriques et l'apparition de fines fissures de dessiccation.

APPENDICE C

PHOTOGRAPHIES DES STATIONS D'ÉCHANTILLONNAGE

Figure C.1: Barge de dragage dans laquelle les échantillons de sédiments ont été prélevés, quai de l'ancienne *Marine Industries*, rivière Richelieu, Sorel-Tracy, 2005.

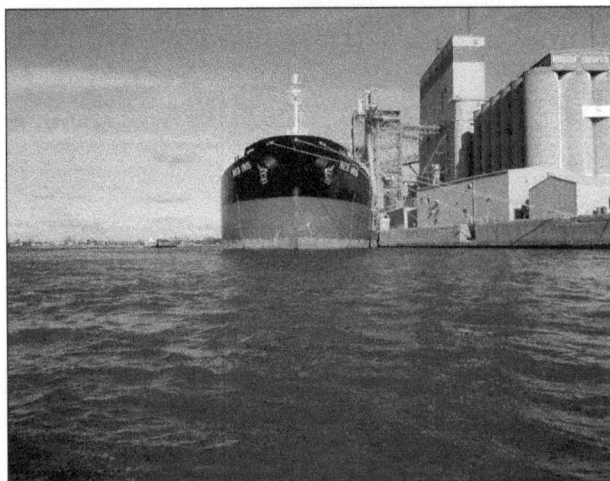

Figure C.2: Cargo maritime amarré au port de Sorel-Tracy, à l'embouchure de la rivière Richelieu et du fleuve Saint-Laurent, 2005.

Figure C.3: Complexe industriel QIT-Fer et TITANE Inc. sur la rive sud du fleuve Saint-Laurent, à l'embouchure de la rivière Richelieu, Sorel-Tracy, 2005.

Figure C.4 : Station d'échantillonnage P01 située à proximité de l'usine de traitement *CEZinc* Inc., Valleyfield, 2005.

BIBLIOGRAPHIE

Publications gouvernementales et internationales

Beaulieu, M., Drouin, R. et Vézina, P., 1999, *Politique de protection des sols et de réhabilitation des terrains contaminés*. Publications du Québec, 124 p.

Centre d'expertise en analyse environnementale du Québec, *Lignes directrices concernant l'application des contrôles qualité en chimie*. DR-12-SCA-01, Ministère de l'Environnement du Québec, 2009, 25 p.

Centre d'expertise en analyse environnementale du Québec, *Détermination des métaux: méthode par spectrométrie de masse à source ionisante au plasma d'argon*. MA. 200 – Mét 1.1, Rév. 4, Ministère du Développement durable, de l'Environnement et des Parcs du Québec, 2008, 34 p.

Centre d'expertise en analyse environnementale du Québec, *Protocole de lixiviation pour les espèces inorganiques*. MA. 100 – Lix.com.1.0, Rév. 4, Ministère du Développement durable, de l'Environnement et des Parcs du Québec, 2006, 18 p.

Cimon, J., 1998, *L'unité à apatite de Rivière-des-Rapides, Complexe de Sept-Îles: localisation stratigraphique et facteurs à l'origine de sa formation*. Rapport d'étude de terrain ET 97-05, 33 p. Québec: Ministère des Ressources naturelles.

Conseil canadien des ministres de l'environnement, 2002, «Recommandations canadiennes pour la qualité des sédiments: protection de la vie aquatique — tableaux sommaires». Mis à jour dans Recommandations canadiennes pour la qualité de l'environnement, 1999, Winnipeg: le Conseil.

Demayo, A. et Watt, E., 1993, *Glossaire de l'eau*. Association canadienne des ressources hydriques, Disponible en ligne sur le site d'Environnement Canada.

Environnement Canada et Ministère du Développement durable, de l'Environnement et des Parcs du Québec, 2007, *Critères pour l'évaluation de la qualité des sédiments au Québec et cadres d'application : prévention, dragage et restauration*. 39 p.

Environnement Canada, 2002, *Guide d'échantillonnage des sédiments du Saint-Laurent pour les projets de dragage et de génie maritime, Volume 1: Directives de planification*. Direction de la protection de l'environnement, Région du Québec, Section innovation technologique et secteurs industriels, 106 p.

Environnement Canada, 2002, *Guide d'échantillonnage des sédiments du Saint-Laurent pour les projets de dragage et de génie maritime, Volume 2: Manuel du praticien de terrain*. Direction de la protection de l'environnement, Région du Québec, Section innovation technologique et secteurs industriels, 107 p.

Lavoie, J. et Pelletier, M., 2003, *Vérification de la toxicité des argiles postglaciaires présentes dans le fleuve Saint-Laurent*. Procéan Environnement (SNC Lavalin) pour Environnement Canada, Direction de la protection de l'environnement, 89 p.

Legault, G., 1995, *QIT Fer et Titane*. Vison Saint Laurent (SLV) 2000, Fiche technique 28, 4 p.

Ministère de l'Environnement du Québec, 2004, *Projet de dragage d'un haut-fond en front du quai n°14 dans le port de Sorel-Tracy par la Corporation de développement des parcs industriels et du Port de Sorel-Tracy*. Dossier 3211-02-202, Direction des évaluations environnementales, 8 p.

Ministère de l'Environnement du Québec, 2002, *Guide de valorisation des matières résiduelles inorganiques non dangereuses de source industrielle comme matériau de construction*. Envirodoq 167, 46 p.

Saulnier, I. et Gagnon, C., 2003, *Concentrations naturelles et spéciation chimique des métaux dans les sédiments du Saint-Laurent: Incidences sur l'application des critères et la gestion des sédiments*. Rapport déposé au Groupe de travail sur la gestion intégrée du dragage et des sédiments, Plan d'action Saint-Laurent – Volet Navigation. Environnement Canada – Région du Québec: Centre Saint-Laurent, 10 p.

USACE/EPA, 1998, *Evaluation of Dredged Material Proposed for Discharge in Waters of the United States – Inland Testing Manual*. EPA-823-B-98-004.U.S., Army Corps of Engineers and U.S. Environmental Protection Agency, Washington, DC., 176 p.

Livres et monographies

Alloway, B.J., (Éd.), 1995, *Heavy Metal in Soils.* 368 p. Londres: Blackie Academic & Professional.

Bayley, S.W., 1980, *Structures of Layer Silicates.* Mineralogical Society of London, Monography 5, p.1–124.

Brady, N.C. et Weil, R.R., 2001, *The Nature and Properties of Soils.* (13th ed.), 621 p. New York: Prentice Hall.

Brindley, G.W. et Brown, G., 1981, *Crystal Structures of Clay Minerals and their X-Ray Identification.* Mineralogical Society of London, Monography 5, 475 p.

Eslinger, E. et Pevear, D., 1988, *Clay Minerals for Petroleum Geologists and Engineer.* Society of Economic Paleontologists and Mineralogists, Short courses notes, 22 p. Tulsa.

Forstner, U. et Wittman, G.T.W., 1983, *Metal Pollution in the Aquatic Environment.* 486 p. Berlin: Heidelberg-Springler.

Gast, R.G., 1977, *Surface and Colloid Chemistry.* Minerals in Soil Environments, 948 p. Madison (WI): Soil Science Society of America.

Gill, R., 1996, *Chemical Fundamentals of Geology.* Department of Geology, University of London, 290 p. Londres: Royal Holloway.

Jackson, M.L., (Éd.), 1956, *Soil Chemical Analysis: Advanced Course.* 895 p. Madison (WI).

Kabata-Pendias, A., 2001, *Trace Elements in Soil and Plants.* (3rd ed.). 325 p. Boca Raton (FL): CRC Press.

Kennedy, V.C., 1965, *Mineralogy and Cation-Exchange Capacity of Sediments from Selected Streams.* 433 p. s.l.: U.S. Geological Survey Professional Paper.

McBride, M.C., 1994, *Environmental Chemistry of Soils*. New York: Oxford University Press.

Newman, A.C.D., (Éd.), 1987, *Chemistry of Clays and Clay Minerals*. Mineralogical Society of London, Monography 6, 480 p.

Salomons, W., et Forstner, U., 1984, *Metals in the Hydrocycle*. 349 p. New York: Springler-Verlag.

Salomons, W. et Stigliani, W.M., 1995, *Biogeodynamics of Pollutants in Soils and Sediments: Risk Assessment of Delayed and non-Linear Responses*. 307 p. New York: Springler-Verlag.

Sparks, D. L., 1995, *Environmental Soil Geochemistry*. 267 p. San Diego (CA): Academic Press.

Thorez, J., 1976, *Practical Identification of Clay Minerals*. Lelotte, G., (Éd.), 90 p. Belgique: Dison.

Weaver, C.E., 1989, *Clays, Muds, and Shales*. Developments in Sedimentology 44, 819 p.

Yariv S. et Cross H., 2002, *Organo-Clay Complexes and Interactions*. 687 p. Jerusalem (Israel): Hebrew University of Jerusalem.

Yariv, S. et Michaelian, K.H., 2002, «Structure and surface acidity of clay minerals». In *Organo-Clay Complexes and Interactions*, sous la dir. de Yariv, S. et Cross. H., p. 1–38. NY: Marcel Dekker.

Articles

Abollino, O., Giacomino, A., Malandrino, M. et Mentasti, E., 2008, *Interaction of Metal Ions with Montmorillonite and Vermiculite*. Applied Clay Science 38, p.227–236.

Ammann, A.A., Hoehn, E. et Koch, S., 2003, *Ground Water Pollution by Roof Runoff Infiltration Evidenced with Multi-tracer Experiments*. Water Research 37, p.1143–1153.

Auboiroux, M., Bailiff, P., Touray, J.C. et Bergaya, F., 1996, *Fixation of Zn^{2+} and Pb^{2+} by a Ca-Montmorillonite in Brines and Dilute Solutions: Preliminary Results*. Applied Clay Science 11, p.117–126.

Banat, K.M., Howari, F.M. et Al-Hamad, A.A., 2005, *Heavy Metals in Urban Soils of Central Jordan: Should we worry about their Environmental Risks?* Environmental Research 97, p.258–273.

Bergaya, F., Lagaly, G. et Vayer M., 2006, *Cation and Anion Exchange*. Developments in Clay Science 12, p.979–1001.
Bianchini, G., Laviano, R., Lovo, S.et Vaccaro, C., 2002, *Chemical-mineralogical Characterization of Clay Sediments around Ferrara (Italy): a Tool for an Environmental Analysis*. Applied Clay Science 21, p.165–176.

Boonfueng, T., Axe, L. et Xu, Y., 2005, *Properties and Structure of Manganese Oxide-coated Clay*. Journal of Colloid and Interface Science 281, p.80–92.

Breen, C., Bejarano-Bravo, C.M., Madrid, L., Thompson, G. et Mann, B.E., 1999, *Na/Pb, Na/Cd and Pb/Cd Exchange on a Low Iron Texas Bentonite in the Presence of Competing H^{+} Ions*. Colloids and Surfaces: A Physicochemical and Engineering Aspects 155, p.211–219.

Brigatti, M.F., Corradini, F., Franchini G.C. Mazzoni, S., Medici, L. et Poppi, L., 1995, *Interactions Between Montmorillonite and Pollutants from Industrial Waste waters: Exchange of Zn^{2+} and Pb^{2+} from Aqueous Solutions*. Applied Clay Science 9, p.383–395.

Bruggenwert, M.G.M. et Kamphorst, A., 1979, *Survey of Experimental Information on Cation Exchange in Soil Systems*. Developments in Soil Science 2, p.141–203.

Christensen, T.H., 1984, *Cadmium Soil Sorption at Low Concentrations: Effect of Time, Cadmium Load, pH, and Calcium*. Water Air Soil Pollution 21, p.105–114.

Coles, C.A. et Yong, R.N., 2000, *Aspects of Kaolinite Characterization and Retention of Pb and Cd*. Applied Clay Science 22, p.39–45.

110

Conrad, C. et Chisholm–Brause, C.J., 2004, *Spatial Survey of Trace Metal Contamination in the Sediments of Elizabeth River, Virginia*. Marine Pollution Bulletin 49, p.319–324.

D'Angelian, B.F. et Smith, E.C., 1973, *Distribution, Transport and Composition of Suspended Matter in the St. Lawrence Estuary*. Canadian Journal of Earth Sciences 10, p.1380–1396.

Dinel, H., Pare, T., Schnitzer, M. et Pelzer, N., 2000, *Direct Application of Cement Kaolin Dust and Lime-sanitized Biosolids: Extractability of Trace Metals and Organic Matter Quality*. Geoderma 96, p.307–320.

Dubbin, W.E., 2004, *Influence of Organic Ligands on Cr Desorption from Hydroxyl Cr-intercalated Montmorillonite*. Chemosphere 54, p.1071–1077.

Durell, G., Ceric, A. and Uhler, A.d., 2004, *Assessing the Occurrence and Environmental Significance of DDT contamination in sediments: Lake Apopka and the Upper Ocklawaha River Chain-of-lakes*. Remediation Weekly Sciences and News Journal 1, p.1–10.

Echeverría, J.C., Zarranz, I., Estella,J. et Garrido, J.J., 2005, *Simultaneous Effect of pH, Temperature, Ionic Strength and Initial Concentration on the Retention of Lead on Illite*. Applied Clay Science 30, p.103–115.

Farrah, H., Halton, D. et Pickering, W.F., 1980, *The Affinity of Metal Ions for Clay Surfaces*. Chemical Geology 28, p.55–68.

Feldkamp, J.R. et White, J.L., 1979, *Acid-base Equilibria in Clay Suspension*. Journal of Colloid and Interface Science 69, p.97–106.

Giasson, P., Jaouich, A., Gagné, S. et Moutoglis, P., 2005, *Arbuscular Mycorrhizal Fungi Involvement in Zinc and Cadmium Speciation Change and Phytoaccumulation*. Remediation, p.75–81.

Giese, R.F. Jr., 1973, *Interlayer Bonding in Kaolinite, Dickite and Nacrite*. Clays and Clay Minerals 2, p.145–149.

Giroux M., Rompré, M., Carrier, D., Audesse, P. et Lemieux, M., 1992, *Caractérisation de la teneur en métaux totaux et disponibles des sols du Québec*. Agrosol 5, p.46–55.

Goldsmith, S.L., Krom, M.D., Sandler, A. et Herut, B., 2001, *Spatial Trends in the Chemical Composition of Sediments on the Continental Shelf and Slope of the Mediterranean Coast of Israel*. Continental Shelf Research 21, p.1879–1900.

Hiemstra, T. et Van Riemsdijk, W.H., 1996, *A Surface Structural Approach to Ion Adsorption: The Charge Distribution (CD) Model*. Journal of Colloid and Interface Science 179, p.488–508.

Hochella, M.F., Moore, J.N., Putnis, C.V., Putnis A., Kasama, T. et Eberl, D.D., 2005, *Direct Observation of Heavy Metal-mineral Association from the Clark Fork River Superfund Complex: Implications for Metal Transport and Bioavailability*. Geochimica Cosmochimica Acta 69, p.1651–1663.

Hower, J. et Mowatt, T.C., 1966, *The Mineralogy of Illites and Mixed-layer Illite/montmorillonites*. American Mineralogist 51, p.825–854.

Jackson, M.L., 1965, *Clay Transformations in Soil Genesis during the Quaternary*. Soil Science 99, p.15–22.

Kronberg, B.B., Kaurti, J. et Stenius, P., 1986, *Competitive and Cooperative Adsorption of Polymers and Surfactants on Kaolinite Surfaces*. Colloids Surfaces 18, p.411–425.

Krosshavn. M., Steinnes, E. et Varskog, P., 1993, *Binding of Cd, Cu, Pb and Zn in Organic Matter with Different Vegetational Background*. Water, Air and Soil Pollution 71, p.185–193.

Lagaly, G., 1984, *Clay Organic Reactions*. Philosophical Transaction of the Royal Society of London A311, p.315–332.

Le Roux, J. et Sumner, M.E., 1967, *Studies on the Soil Solution of Various Natal Soils*. Geoderma 1, p.125–130.

Li, X. et Thornton, I., 2001, *Chemical Partitioning of Trace and Major Elements in Soil Contaminated by Mining and Smelting Activities*. Applied Geochemistry 16, p.1693–1706.

Mendelovici, E., Yariv, S. et Vilallba, R., 1979a, *Iron-bearing Calamite in Venezuelan Laterites: Infrared Spectroscopy and Chemical Dissolution Evidences.* Clay Mineralogy 14, p.323–331.

Mendelovici, E., Yariv, S. et Villalba, R., 1979b, *Aluminum-bearing Goethite in Venezuelan Laterites.* Clays and Clay Minerals 27, p.368–372.

Mendelovici, E., Yariv, S., et Vilallba, R., 1982, *Iron-bearing Kaolinite in Venezuelan Laterites: DTA and Thermal Weight Losses of KCl and CsCl Mixtures of Laterites.* Israel Journal of chemistry 22, p.247–252.
Meyers, P.A. et Quinn, J.G., 1971, *Fatty Acid Clay Minerals Association in Artificial and Natural Seawater Solutions.* Geochemica Cosmochimica Acta 35, p.628–632.

Meyers, P. A., et Quinn, J.G., 1973, *Factors Affecting the Association of Fatty Acid with Mineral Particles in Seawater.* Geochemica Cosmochimica Acta 37, p.1745–1759.

Modak, D.P., Singh, K.P., Chandra, H. et Ray, P.K., 1992, *Mobile and Bound Forms of Trace Metals in Sediments of the Lower Ganges.* Water Research 26, p.1541–1548.

Moncur, M.C., Ptacek, C.J., Blowes, D.W. et Jambor, J.L., 2005, *Release, Transport and Attenuation of Metals from an Old Tailings Impoundment.* Applied Geochemistry 20, p.639–659.

Morin, J. et Côté, J.P., 2003, *Modification anthropiques sur 150 ans au lac Saint-Pierre: une fenêtre sur les transformations de l'écosystème du Saint-Laurent.* en collaboration avec Environnement Canada, Vertigo 4, p.1–10.

Mortland, M.M., 1970, *Clay Organic Complexes and Interactions.* Advances in Agronomy 22, p.75–117.

Novick, B.E. et Martin, R.T., 1983, *Solvation Methods for Expanded Layers.* Clays and Clay Minerals 31, p.235–238.

Parks, G.A., 1967, *Aqueous Surface Chemistry of Oxides and Complex Oxide Minerals: Equilibrium Concept in Natural Water Systems.* American Chemical Society 67, p.121–160.

Peijnenburg, W., Groot, A., Jager, T. et Posthuma, L., 2005, *Short-term Ecological Risks of Depositing Contaminated Sediment on Arable Soil*. Ecotoxicology and Environmental Safety 60, p.1–14.

Pitch, H., Stammose, J., Ly, D., Kabare, I. et Lefevre, I., 1992, *Sorption of Major Cations on Pure and Composite Materials*. Applied Clay Science 7, p.239–243.

Pulse, R.W. et Bohn, H.L., 1988, *Sorption of Cadmium, Nickel, and Zinc by Kaolinite and Montmorillonite Suspensions*. Soil Science Society of America Journal 52, p.1289–1292.

Radoslovich, E.W. et Norish, K., 1962, *The Cell Dimension and Symmetry of Layer-Lattice Silicates: Some Structural Considerations*. American Mineralogist 47, p.599–616.

Ramesur, R.T. et Ramjeawon, T., 2002, *Determination of Lead, Chromium and Zinc in Sediments from Urbanized River in Mauritius*. Environment International 28, p.315–324.

Roehl, K.E. et Czurda, K., 1998, *Diffusion and Solid Speciation of Cd and Pb in Clay Liners*. Applied Clay Science 12, p.387–402.

Rybicka, E.H., Calmano, W. et Breeger, A., 1995, *Heavy Metals Sorption/desorption on Competing Clay Minerals: An Experimental Study*. Applied Clay Science 9, p.369–381.

Saha, U.K., Taniguchi, S. et Sakurai, K., 2001, *Adsorption Behaviour of Cadmium, Zinc, and Lead on Hydroxyaluminum– and Hydroxyaluminosilicate–Montmorillonite Complexes*. Soil Science Society of America Journal 65, p.694–703.

Saulnier, I. et Gagnon, C., 2006, *Background Levels of Metals in St Lawrence River Sediments: Implication for Sediment Quality Criteria and Environmental Management*. Integrated Environmental Assessment and Management 2, p.126–141.

Sayles, F.L. et Mangelsdorf, J.P.C., 1977, *The Equilibration of Clay Minerals with Sea Water: Exchange Reactions*. Geochimica Cosmochimica Acta 41, p.951–960.

Schnitzer, M., 1969, *Reactions between Fulvic Acid, a Soil Humic Compound, and Inorganic Soil Constituents*. Soil Science Society of America Procedure 33, p.75–81.

Schultz, C. et Grundl, T., 2004, *pH Dependence of Ferrous Sorption onto two Smectite Clays*. Chemosphere 57, p.1301–1306.

Schwertmann, U. et Taylor, R.M., 1989, In *Minerals in Soils Environments*. Dixon, J.B. et Weed, S.B., (Éd.), p.379–438. Madison (WI): ASA and SSSA.

Sen, T.K. et Khilar, K.C., 2006, *Review on Subsurface Colloids and Colloids-Associated Contaminant Transport in Saturated Pore Media.* Advance in Colloid and Interface Science 119, p.71–96.

Singh, S.P., Ma, L.Q. et Harris, W.G., 2001, *Heavy Metal Interactions with Phosphatic Clay: Sorption and Desorption Behaviour.* Journal of Environmental Quality 30, p.1961–1968.

Smith, D.C., Sacks, J. et Senior, E., 1999, *Irrigation of Soil with Synthetic Landfill Leachate: Speciation and Distribution of Selected Pollutants.* Environmental Pollution 106, p.429–441.

Stamoulis, S., Gibbs, R.,J. et Menon, M.G., 1996, *Geochemical Phases of Metals in Hudson River Estuary Sediments.* Environment International 22, p.185–194.

Tessier, A., 1979, *Sequential Extraction Procedure for the Speciation of Particulate Trace Metals.* Analytical Chemistry 51, p.844–851.

Thorez, J., 1989, *Argilloscopy of Weathering and Sedimentation.* Bulletin de la société belge de géologie 98, p.245–267.

Thorez, J., 2003, *L'argile, minéral pluriel,* Bulletin de la société royale des sciences de Liège 72, p.19–70.

Unuabonah, E.I., Olu-Owolabi, B.I., Adebowale, K.O. et Ofomaja, A.E., 2007, *Adsorption of Lead and Cadmium Ions from Aqueous Solutions by Tripolyphosphate-Impregnated Kaolinite Clay.* Colloids and Surfaces: A Physicochemical and Engineering Aspects 292, p.202-211.

Van Den Broek, J.M.M. et Van Der Marel, H.W., 1969, *Weathering, Clay Migration and Podzolization in a Hydromorphic Loess Soil.* Geoderma 2, p.121-150.

Vega, F.A., Covelo, E.F., Andrade, M.L. et Marcet, P., 2004, *Relationships Between Heavy Metals Content and Soil Properties in the Minesoil,* Analytica Chimica Acta 524, p.141-150.

Velde, B., 1977, *Clays and Clay Minerals in Natural and Synthetic Systems.* Developments in Sedimentology 21, 218 p.

Yariv, S., 1992, *The Effect of Tetrahedral Substitution of Si by Al on the Surface Acidity of the Oxygen Plane of Clay Minerals.* International Reviews in Physical Chemistry 11, p. 345-375.

9 783838 172644